职业教育建筑类专业系列教材

分体空调基础技术实训教程

主　编　刘福玲　于　博
副主编　王业昂　金　祥
参　编　陈　刚　虞惠龙
主　审　傅旗康

机械工业出版社

本书是上海城建职业学院与大金空调技术（中国）有限公司校企“双元”合作开发的实训教材。本书介绍了分体空调基础技术实训的相关内容，主要包括空气调节基础、安全教育、常用工具、家用分体空调安装与试运转、家用多联机空调安装与试运转、无火连接等。

本书融入实际工程案例，图文并茂，以项目为导向，任务驱动为引领，体现岗位技能要求，注重培养学生规范操作的能力。

本书可作为高等职业学校建筑设备类专业的教学用书，也可供相关专业工程技术人员参考。

图书在版编目（CIP）数据

分体空调基础技术实训教程 / 刘福玲，于博主编．—北京：机械工业出版社，2022.6

职业教育建筑类专业系列教材

ISBN 978-7-111-57858-1

Ⅰ．①分…　Ⅱ．①刘…②于…　Ⅲ．①分体式空气调节器－高等职业教育－教材　Ⅳ．①TM925.12

中国版本图书馆 CIP 数据核字（2022）第 017189 号

机械工业出版社（北京市百万庄大街 22 号　邮政编码 100037）

策划编辑：陈紫青　　　　责任编辑：陈紫青

责任校对：郑　婕　王明欣　封面设计：马精明

责任印制：刘　媛

涿州市般润文化传播有限公司印刷

2022 年 6 月第 1 版第 1 次印刷

184mm × 260mm • 6.75 印张 • 145 千字

标准书号：ISBN 978-7-111-57858-1

定价：39.80 元

电话服务

客服电话：010-88361066

010-88379833

010-68326294

网络服务

机　工　官　网：www.cmpbook.com

机　工　官　博：weibo.com/cmp1952

金　　书　　网：www.golden-book.com

机工教育服务网：www.cmpedu.com

前言

FOREWORD

本书是根据高等职业学校建筑设备类专业教学标准编写的教材。本书主要介绍了分体空调基础技术相关实训操作的内容，包括空气调节基础、安全教育、常用工具、家用分体空调安装与试运转、家用多联机空调安装与试运转、无火连接等。本书主要有以下特色。

1. 校企“双元”合作开发

本书由上海城建职业学院和大金空调技术（中国）有限公司校企“双元”合作开发。上海城建职业学院刘福玲、于博担任主编，大金空调技术（中国）有限公司王业昂、金祥担任副主编，参加编写的还有大金空调技术（中国）有限公司陈刚、虞惠龙。中华企业股份有限公司工程与安全管理部总经理、上海市土木工程学会理事、上海市建设工程评标专家、教授级高级工程师傅旗康担任主审。

2. 实训类活页教材

本书为实训类活页教材，在介绍相关理论知识的基础上，重点阐述了家用空调实际安装过程中的实践知识。内容结构方面，本书采用活页式教材的编写思路，使读者可以根据自己需求灵活使用本书。

3. 图片来自工程实际案例

本书在编写时结合实际工程案例，突出安全教育，阐述了常用工具的使用方法，并配有相关图片。介绍家用分体空调、家用多联机空调的安装要点及注意事项，结合空调安装实际中的技术规范，体现企业岗位实操技能要求，注重培养学生规范操作能力。

本书可作为高等职业学校建筑设备类专业的实训教学用书，也可供相关专业工程技术人员参考。

在本书编写过程中，编者引用了许多文献资料，包括图片、表格、数据、产品样本等，在此谨向上述文献资料的作者表示衷心的感谢。限于编者水平，书中的不妥与疏漏之处在所难免，敬请广大读者批评指正。

编　者

2021 年 12 月

CONTENTS

目 录

项目一 Project 1

空气调节基础

项目概述

空气调节，即用控制技术使室内空气的温度、湿度、清洁度、气流速度和噪声达到所需的要求。空气调节的目的是改善环境条件以满足生活舒适和工艺设备的要求。本项目通过空气调节的相关知识、制冷剂、制冷相关术语等方面了解空气调节基础知识。

任务1 了解空气调节相关知识

任务描述

通过对空调基础知识的学习，了解空气调节的概念，掌握影响室内环境舒适性要求的基本因素。

相关知识链接

1. 空气调节概念

空气调节是一种根据舒适或工艺的需要，在局部范围内对自然状态下的空气状态参数进行调控的工程技术。舒适性主要满足人体对空气环境的要求，工艺性主要满足生产或测量等方面对空气环境的要求。近年来随着人民生活水平的提高，对于舒适性空调的要求除了传统的温度和湿度外，对健康性的要求也越来越高。

注：空气状态参数指温度、压力、密度、湿度、比焓等描述空气状况的物理量。

2. 四大要素和 $PM_{2.5}$ 浓度

（1）四大要素

温度、湿度、清洁度、气流分布是空气调节四大要素。对四大要素加以调节，就能够控制室内环境，以达到舒适的要求。通过图 1-1 可知，温度主要对室内热量进行调整；湿度用于控制室内空气中的水分多少；清洁度用于对室内的细颗粒物等进行改善控制；气流分布对各参数进行均匀扩散或集中处理。

（2）$PM_{2.5}$ 浓度

空气中含有很多细小的颗粒物，包括烟尘、花粉、细菌等，来源一般分为自然源和人为源。$PM_{2.5}$颗粒是指环境空气中，空气动力学当量直径小于或等于2.5μm的细颗粒物。$PM_{2.5}$浓度是指每立方米空气中当量直径小于或等于2.5μm的细颗粒物总质量，它能很好地反映空气污染的程度。表1-1为不同的24小时$PM_{2.5}$平均浓度对应的空气质量等级。

图1-1　空气调节的四大要素

表1-1　空气质量等级

序号	24小时$PM_{2.5}$平均浓度/(μg/m³)	空气质量等级
1	24小时$PM_{2.5}$平均浓度<35	优
2	35≤24小时$PM_{2.5}$平均浓度<75	良
3	75≤24小时$PM_{2.5}$平均浓度<115	轻度污染
4	115≤24小时$PM_{2.5}$平均浓度<150	中度污染
5	150≤24小时$PM_{2.5}$平均浓度<250	重度污染
6	24小时$PM_{2.5}$平均浓度≥250	严重污染

3. 舒适范围

人体感到舒适的条件范围如图1-2所示。夏季人体一般舒适温度为22～26℃；冬季人体一般舒适温度为18～22℃。

温度范围：平静状态下为21～22℃；轻体力活动时为19～20℃；重体力活动时为17～18℃。相对湿度范围：夏季40%～60%；冬季40%～65%。

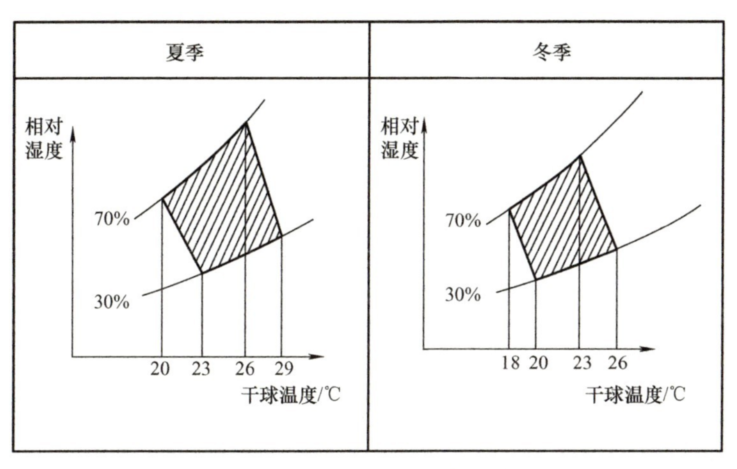

图 1-2　人体感到舒适的条件范围

制冷时，室内外温差应为 3 ～ 7℃（标准为 5℃），无论在何种场合，室内外温差都不建议超过 10℃。当室内外温差达到 10℃或以上时，从室外进入室内时会强烈感受到冷气与热气，使身体感到不适，这种不适称为冷冲击。在夏季，有心脑血管问题的老年人尤其要注意冷冲击造成的不适。

4. 常见空调分类

（1）按使用目的分类

空调系统按使用目的不同可分为舒适性空调和工艺性空调。舒适性空调的主要目的是满足人体对环境的要求；工艺性空调的主要目的是满足工艺对环境的要求。

舒适性空调的设计为小风量、大焓差，出风温度一般为 6 ～ 8℃，换气频率为 10 ～ 15 次 /h。工艺性空调的设计为大风量、小焓差，出风温度一般为 10 ～ 14℃，换气频率为 30 ～ 60 次 /h。舒适性空调出风温度较低，且在湿度大于或等于 50% 时，其露点温度为 12℃左右，即空气中的水蒸气在此温度下会形成水滴，尤其对靠近出风口处的设备极其不利。舒适性空调在不考虑湿度对设备影响的前提下，对近端设备可以有效降温，但由于换气次数及风量的不足，因此对远距离的设备无法起到降温作用。而工艺性空调在出风温度设计上避免了露点温度问题，并通过大风量的设计解决了机房整体降温且不结露的问题。

（2）按传热媒介分类

空调系统按传热媒介不同可分为全空气系统、全水系统、空气 - 水系统和制冷剂系统。

任务 2　了解制冷剂相关知识

任务描述

通过对制冷剂相关知识的学习，熟悉制冷剂的特性、分类，掌握各类制冷剂的安

全作业要求，了解新型制冷剂的发展趋势。

1. 制冷剂的要求

制冷剂是指将空调内低温部的热量传递到高温部且较易蒸发的液体。制冷循环中的制冷剂应符合以下要求。

1）长期使用的情况下仍保持化学热性质稳定，不易分解。

2）不可燃，不爆炸。

3）无毒性，无刺激性。

4）不腐蚀金属。

5）对冷冻机油无影响，且溶解性好。

6）电器绝缘性好。

7）传热率高。

8）使用简易，且泄漏时容易发现。

9）常温时，较低压力下能液化。

10）低温时在大气压以上的压力下蒸发，且蒸发潜热较大。

11）价格便宜，供货充足，容易获得。

2. 制冷剂的环境指标

目前制冷剂的环境指标主要有 ODP 值和 GWP 值。

（1）ODP 值

ODP 值即大气臭氧层损耗潜能值，它是描述物质对平流层臭氧破坏能力的一种量值。ODP 值越大，对平流层臭氧的破坏就越大。

（2）GWP 值

GWP 值即全球温室效应潜能值，它表示在一定时间内（20 年、100 年、500 年），某种温室气体的温室效应对应于相同效应的 CO_2 的质量，CO_2 的 GWP 值为 1。GWP 值通常基于 100 年计算，记为 GWP_{100}。《蒙特利尔议定书》和《京都议定书》均采用 GWP_{100}。GWP 值反映了破坏臭氧层的物质对全球气候变暖影响力的大小。GWP 值越大，影响力越大。

温室效应是指大气中的 CO_2 和水蒸气等能够吸收由地球发射的波长较大的辐射，从而对地球起到保温作用，因其类似于人工温室的作用，故称温室效应。人类向大气中排入的 CO_2 等吸热性强的温室气体逐年增加，大气的温室效应也随之增强，引发了一系列问题，因此 GWP 值也是环保冷媒的重要参数之一。

3. 常用制冷剂

（1）种类和特性

目前常用制冷剂的种类和特性见表 1-2。

表 1-2　常用制冷剂的种类和特性

代号	R22	R410a	R407c	R32	R290
分类	HCFC	HCFC	HCFC	HFC	—
成分	氯二氟甲烷	R32/R125（50%/50%）	R32/R125/R134a（23%/25%/52%）	二氟甲烷（亚甲基氟）	丙烷
冷冻机油	矿物油	醚油	醚油	醚油	醚油
ODP 值（取 R11 的 ODP 值为 1.0）	0.055	0	0	0	0
GWP 值（取 CO_2 的 GWP 值为 1.0）	1700	1730	1530	650	11
安全分类	A1	A1	A1	A2L	A3
环境友好	否	否	否	是	是
50℃下的压力	1.73	2.72	1.95	2.8	1.53
COP	0.88	0.95	0.95	1	1.02
标准沸点 /℃	−41	−51.5	−43.8	−52	−42
临界温度 /℃	96	72	87	78	97
实际限量 /（kg/m^3）	0.3	0.44	0.31	0.061	0.011

由表 1-2 可见，只有 R22 的 ODP 数值不为 0，即 R22 对于大气臭氧层具有破坏性。

GWP 值的大小顺序为 R410a > R22 > R407c > R32 > R290，因此，R32 和 R290 比其他制冷剂更为环保。

表 1-2 中的安全分类由两部分组成：毒性分类和燃烧性分类。毒性分类：A—低慢性毒性，B—高慢性毒性；燃烧性分类：1—无火焰传播，2L—弱可燃，2—可燃，3—可燃易爆。

（2）氟利昂

在制冷剂中，氟利昂应用得较为普遍。需要注意的是，氟利昂虽然没有毒性，但由于其比重较大，容易滞留，且无色、无臭，因而容易导致氧气不足而引起窒息。表 1-3 列出了常见氟利昂的特性。

表 1-3　常见氟利昂的特性

种类	名称	主要用途	特征
CFC	11	离心式制冷机	含氯元素，对臭氧层破坏性大
	12	汽车空调、电器冷藏库、低温空调	
HCFC	22	家用空调、商用空调、冷水机	虽含有氯元素，但组成中有氢，因此对臭氧层的破坏性较小
	123	离心式冷水机（HCFC-123 为 CFC-11 的替代氟利昂）	
HFC	134a	汽车空调	不含氯元素，且含氢元素，对臭氧无破坏的新工质

（3）R32

R32 制冷剂的分子式为 CH_2F_2，分子结构如图 1-3 所示。

图 1-3　R32 分子结构

1）R32 特性。R32 为无色、无味、无毒制冷剂，具备弱可燃性。在与空气混合的体积比（14.4% ～ 29.3%）内，需明火点燃，引燃温度 648℃。除明火外，其他点火源无法点燃 R32，一旦离开明火它就会自动熄灭，如图 1-4 所示。R32 与家用燃气的对比见表 1-4。R32 的热力学性能与 R410a 基本相近，但是它能效更高，更省电，效果更好。

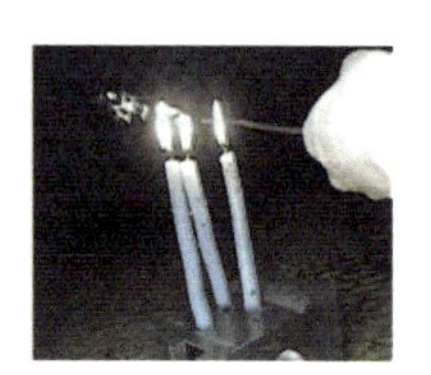
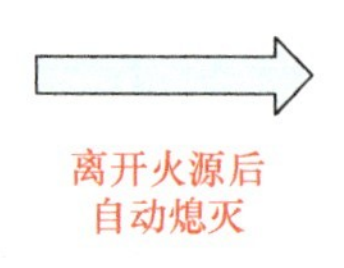

图 1-4　R32 接触、离开火源的反应

表 1-4　R32 与家用燃气的对比

名称	接触点火源后的燃烧情况			
	开关或继电器电弧	空调元器件产生的电火花	高温电热丝	明火
家用燃气	可以点燃	可以点燃	可以点燃	可以点燃
R32	无法点燃	无法点燃	无法点燃	可以点燃

R22、R32、R410a 制冷剂的饱和曲线对比如图 1-5 所示。从该图中可以看出，R32 制冷剂的饱和曲线略高于 R410a 制冷剂。

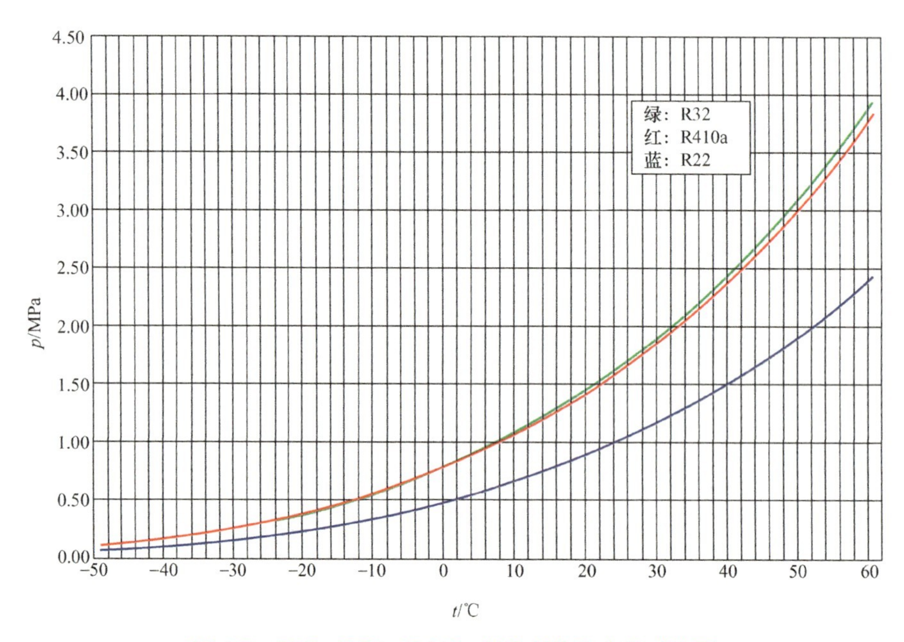

图 1-5　R22、R32、R410a 制冷剂饱和曲线对比图

2）R32 安全作业要求。现场作业人员需经过专业培训，并严格遵守相关规定。安装及维修作业前应对工作环境进行安全检查。

① 作业区域及附近的人员需了解作业可能存在的风险。

② 确认作业环境通风良好，不在封闭空间进行操作。

③ 隔绝明火，保证周边没有易燃物。

在进行钎焊等作业前，必须确认机组内部冷媒已排放干净。当机组内有 R32 制冷剂残存时，严禁动火；作业区域应设置必要的灭火措施。

3）R32 制冷剂工具。制冷剂种类不同，需要的工具也有所不同，表 1-5 为 R22、R410a、R32 工具的兼容性，使用前应进行确认。

表 1-5 R22、R410a、R32 工具的兼容性

工具	制冷剂		
	R32	R410a	R22
歧管压力计	通用		
加注管	通用		
电子秤	通用		
弯管机	通用		
切管刀	通用		
扩口工具	通用 + 专用		
扭力扳手	通用 + 专用		
气罐接头	通用		
真空泵	通用 + 专用		
制冷剂回收装置	通用 + 专用		
制冷剂回收罐	通用 + 专用		
电气式气体泄漏检测器	通用 + 专用		

结合表中内容，在进行 R32 设备施工作业时应注意以下两种情况。

① 当制冷剂由 R22 变更为 R32 时：R32 的压力比 R22 高，冷冻机油也由矿物油变更为醚油，一旦机油混入，将产生油泥，发生故障，因此 R22 的歧管压力计和加注管等工具不可与 R32 通用。

② 当制冷剂由 R410a 变更为 R32 时：R32 的压力与 R410a 几乎相等，且两者的冷冻机油均为醚油，没有较大差异，可用与 R410a 相似的污物管理（防止杂质混入）进行应对，因此 R410a 的工具可与 R32 通用。

任务 3 掌握制冷术语

通过对制冷术语的学习，掌握制冷概念、常用单位以及制冷剂在制冷循环中状态

的变化，重点理解制冷工作原理与制冷循环过程。

相关知识链接

1. 温度、湿度、压力

（1）温度

标准大气压下，水的冰点为 0℃，沸点为 100℃，将两点之间进行 100 等分，每个等分间隔即为 1℃。

1）温度的种类。

① 干球温度：从暴露于空气中而又不受太阳直接照射的干球温度表上所读取的数值。它是温度计在普通空气中所测出的温度，即一般天气预报里常说的气温。

② 湿球温度：在绝热条件下，大量的水与有限的湿空气接触，水蒸发所需的潜热完全来自于湿空气温度降低所放出的显热，当系统中空气达到饱和状态且系统达到热平衡时，系统的温度称为湿球温度。

③ 露点温度：空气中水分开始结露的温度。

干湿球温度计如图 1-6 所示。

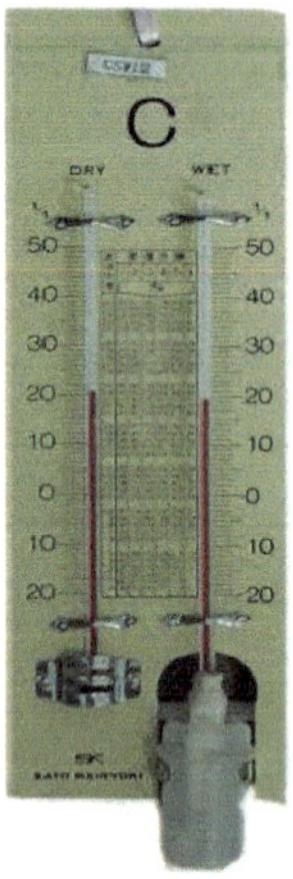

图 1-6　干湿球温度计

2）常用温标及相互间的关系。常用温标有以下三种。

① 摄氏温标：目前使用比较广泛的一种温标，符号 t，单位℃。在标准大气压下，冰水混合物的温度为 0℃，水的沸点为 100℃，中间划分为 100 等份，每等份即为 1℃。

② 华氏温标：符号 F，单位℉。在标准大气压下，冰的熔点为 32℉，水的沸点为 212℉，中间划分为 180 等份，每等份即为 1℉。

③ 开氏温标：又叫热力学温标，符号 T，单位 K。以绝对零度（0K）为最低温度，规定水的三相点的温度为 273.16K，K 定义为水三相点热力学温度的 1/273.16。

常用温标间的换算关系如下。

$$1F=(9/5)\,t+32$$

$$T=t+273$$

（2）湿度

① 绝对湿度 / 含湿量（单位：g/m^3）：单位体积的干空气中所含的水蒸气的质量。

② 相对湿度（符号 RH）：某温度空气中所含水蒸气的压力与相同温度下空气中含 100% 水时水蒸气压力的百分比。

（3）压力

单位面积所受的力称为压强，以 p 表示，$p=F/S$。日常作业中称其为压力，下文中的“压力”其实就是压强单位。

1）压力类型。

① 绝对压力：以绝对真空条件下的压力为零所测得的压力。

② 表压：压力表测得的压强为表压，标准大气压的表压为零（压力表如图 1-7 所示）。

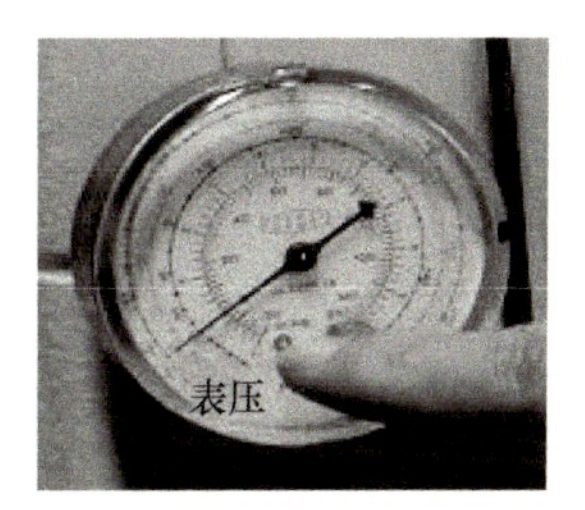

图 1-7　压力表

绝对压力 = 表压 + 大气压

2）单位。

① SI 制单位：Pa（帕）；kPa（千帕）；MPa（兆帕）。

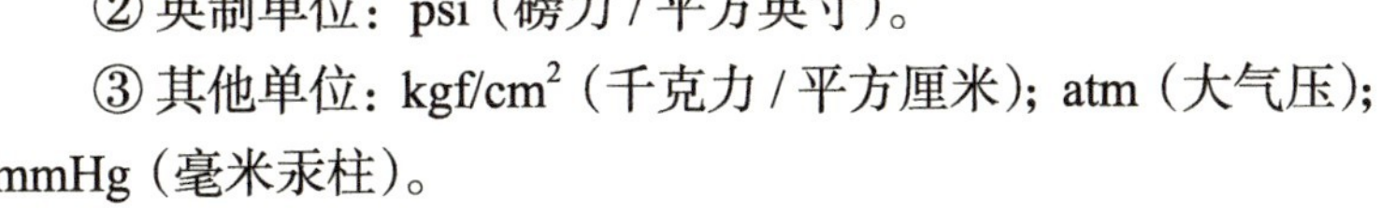

② 英制单位：psi（磅力 / 平方英寸）。

③ 其他单位：kgf/cm^2（千克力 / 平方厘米）；atm（大气压）；mmHg（毫米汞柱）。

压力单位换算见表 1-6。

表 1-6　压力单位换算表

MPa	kgf/cm^2	atm	mmHg	psi
1	10.2	9.869	7501	145
0.09807	1	0.9678	735.6	14.22
0.1013	1.033	1	760	14.7

2. 热与功

（1）热与功的概念与常用单位

由于温度不同，在系统和环境之间传递的能量称为热，它是物质的大量微粒以无序运动的方式而传递的能量。除热量以外的其他能量传递形式称为功，它以有序运动的形式表现出来，常用热功单位间的关系换算见表 1-7。

表 1-7　常用热功单位换算表

W	kW	HP	Btu/h	kcal/h
1000	1	1.34	3410	860

（2）显热、潜热

一般物体有三种相态：固态、液态、气态。三种相态的变化伴随着热量的得失。物体得到（失去）热量后，都会发生状态变化或本身温度变化。当物体不发生化学变化或相变时，温度升高或降低所需要的热称为显热。物体在等温等压情况下从一个相变化到另一个相吸收或放出的热量称为潜热。表 1-8 为水的显热和潜热变化，可以看到潜热的热量变化远大于显热变化。

以图 1-8 所示变化过程为例，可观察水的显热、潜热变化。水从 80℃升温到 100℃，由过冷液体变为饱和液体，其状态没有发生变化，热量为显热。从饱和液体

到饱和蒸汽，其温度没有变化，状态发生变化，热量变化为潜热。从 100℃升温到 120℃，其蒸汽状态没有变化，只有温度上升，热量变化为显热。

表 1-8　水相态改变产生的热量

<table>
<tr><td colspan="2">水→冰：凝固潜热</td><td rowspan="2">79.6kcal/kg</td></tr>
<tr><td colspan="2">冰→水：溶化潜热</td></tr>
<tr><td rowspan="2">水的潜热和显热</td><td>100℃ 水→水蒸气</td><td>539kcal/kg</td></tr>
<tr><td>水 0℃→ 100℃</td><td>100kcal/kg</td></tr>
</table>

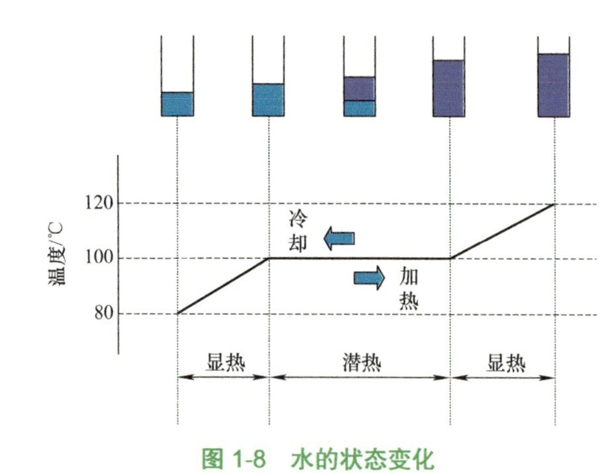

图 1-8　水的状态变化

（3）冷凝与蒸发过程

① 蒸发：蒸发是液体转变为气体的过程，如图 1-9 中的加热过程。

② 冷凝：冷凝是气体转变为液体的过程，如图 1-9 中的冷却过程。

③ 沸点：沸点是液体沸腾时候的温度，也就是液体的饱和蒸气压与外界压强相等时的温度。

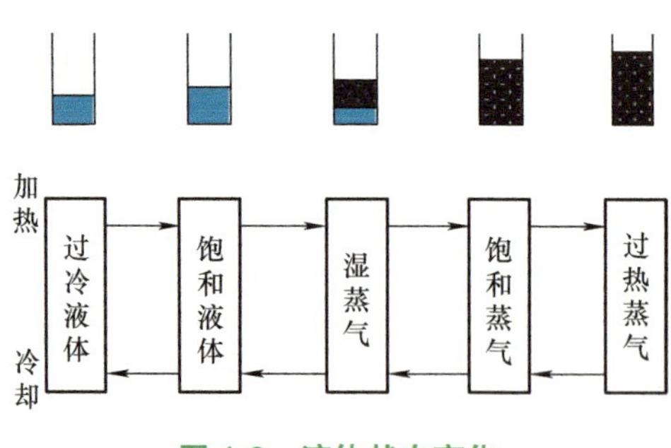

图 1-9　液体状态变化

④ 饱和液体：达到沸点瞬间的液体。

⑤ 湿蒸气：液体和蒸气相混合共存的状态。

⑥ 饱和蒸气：液体完全转为蒸气的瞬间，此时的温度与沸点相同。

⑦ 过热蒸气：对饱和蒸气进行加热，温度处于再上升状态的蒸气。

⑧ 过冷液体：某压力下，温度比沸点低的液体。

3. 制冷量、性能参数

（1）制冷量与制热量

制冷量又称冷量，是单位时间里由制冷机（空调器）从低温物体向高温物体所转移的热量。单位时间内由空调器产生的热量（电热型）或空调器从外界吸热后向室内输送的热量（热泵型）称为制热量，单位与制冷量相同。制冷量或制热量的单位有以下几种。

① 标准单位：W（瓦）、kW（千瓦）或 kcal/h（大卡 / 小时）。1kW=1000 W=860kcal/h。

② 冷吨：1t 0℃的水在 24h 内变为 0℃的冰所对应的制冷能力，分为美国冷吨和日本冷吨。1 美国冷吨 =3024kcal/h=3.526kW；1 日本冷吨 =3320kcal/h=3.860kW。

（2）性能参数

① 名义工况：是指为了便于选用和设计对压缩机规定的统一的性能参数，如制冷量、输入功率、性能参数等。工况是指设备在与其动作有直接关系的条件下的工作状态。名义工况是对该设备的参数进行了一定程度的限制，使之能够满足要求。图 1-10 为空调常见性能参数。

型号	RY71DQV2C		
电源	220V/~/50Hz		
室外额定运转电流<内27℃/外35℃>			12.4 A
室外最大运转电流<内32℃/外46℃>			16.6 A
压缩机堵转电流			73 A
高压侧/低压侧允许最大工作压力			3.0/1.3 MPa
室外额定制冷输入功率<内27℃/外35℃>			2550 W
室外额定制热输入功率<内20℃/外7℃>			2540 W
室外最大输入功率<内32℃/外46℃>			3190 W
排气侧/吸气侧允许最大工作压力			3.0/1.3 MPa
热交换器的最大工作压力			3.0 MPa
防触电保护类型			I类
防护等级	IP24	制冷剂	R22/2.3 kg
质量	77 kg	噪声（全消声室换算值）	52 dB(A)
制造日期	2015.4	出厂编号	F036598

图 1-10　空调性能参数

② 名义制冷量：名义工况下的制冷量，单位 W。

③ 名义制热量：名义工况下的制热量，单位 W。

④ 室内送风量：即室内循环风量，单位 m^3/h。

⑤ 额定电流：名义工况下的总电流，单位 A。

⑥ 风机功率：电动机配用功率，单位 W。

⑦ 噪声：名义工况下的机组噪声，单位 dB。

⑧ 制冷剂种类及充注量：例如 R22，2kg。

⑨使用电源：单相220V，50Hz；三相380V，50Hz。

4. 制冷循环

（1）基本制冷循环

简单来说，基本制冷循环是利用制冷剂通过膨胀阀（即一种节流阀）驱使压力急剧降低，同时降低温度的原理，再通过制冷剂蒸发潜热可使物体得到冷却的特性，达到制冷效果。根据图1-11及表1-9，具体循环由以下4个行程组成。

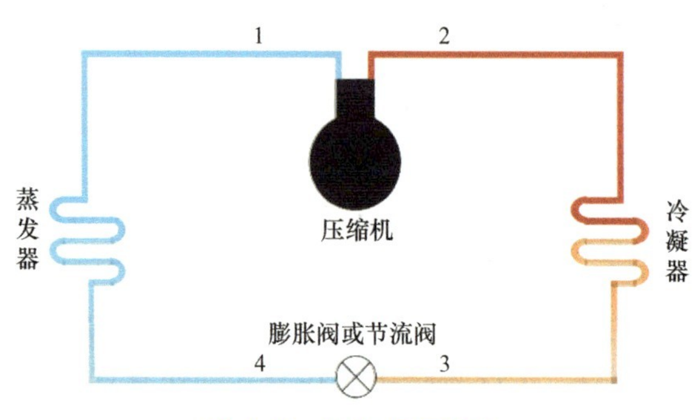

图1-11　制冷运行情况

1—低温低压制冷剂气体　2—高温高压制冷剂气体　3—高温高压制冷剂液体　4—低温低压制冷剂液体

表1-9　制冷运行情况

行程	部件	制冷剂状态	压力	温度	热量
蒸发	蒸发器	液态→气态	低压	低温	吸收蒸发热
压缩	压缩机	气态	低压→高压	低温→高温	压缩热
冷凝	冷凝器	气态→液态	高压	高温	放出冷凝热
节流（膨胀）	节流装置	液态	高压→低压	高温→低温	—

①蒸发行程：低温低压液态制冷剂变为低温低压气态制冷剂，蒸发吸热。

②压缩行程：低温低压气态制冷剂压缩后变为高温高压气态制冷剂，热量为压缩热。

③冷凝行程：高温高压气态制冷剂变为高温高压液态制冷剂，冷凝放热。

④节流行程：高温高压液态制冷剂经过节流变为低温低压液态制冷剂，其热量不变。

需注意：冷凝热＝蒸发热＋压缩热。

（2）制冷原理

利用压缩机等设备，以消耗机械能作为补偿，借助制冷剂的状态变化将低温物体的热量传向高温物体。

制冷机是一种不吸水而吸热的泵。从这个意义上讲，制冷机可以认为是热泵。水泵与制冷机的对比如图1-12所示。

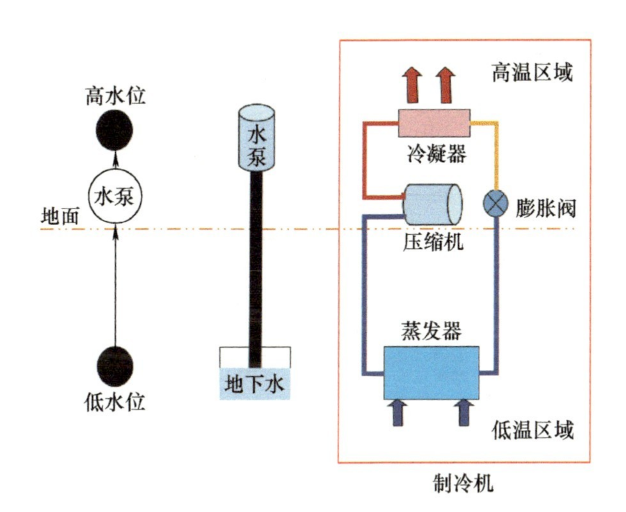

图 1-12　水泵与制冷机的对比

实际空调系统循环如图 1-13 所示。

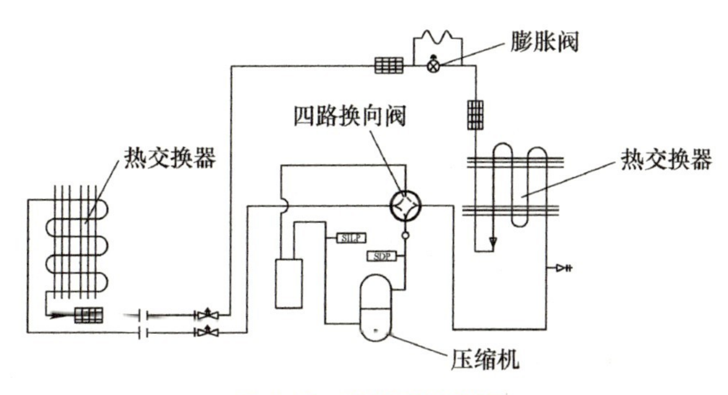

图 1-13　空调系统循环

（3）热泵四通阀（图 1-14）

图 1-14　热泵四通阀

① 作用：四通阀的作用是通过改变制冷剂在系统内的流向来实现制冷、制热之间的相互切换。一般情况下，四通阀在制热时得电动作，制冷时不得电。

② 工作原理：四通阀内部滑块通过压缩机产生的高低压差来推动，当四通阀线圈得电吸合后，内部滑块左侧为高压，右侧为低压。受压差作用，滑块向右侧滑动，致

使四通阀下部右侧两根管子导通，上部和左侧管子导通，将冷媒导向室内机，形成制热。图 1-15 及图 1-16 分别为制冷与制热状态下的四通阀位置及循环。

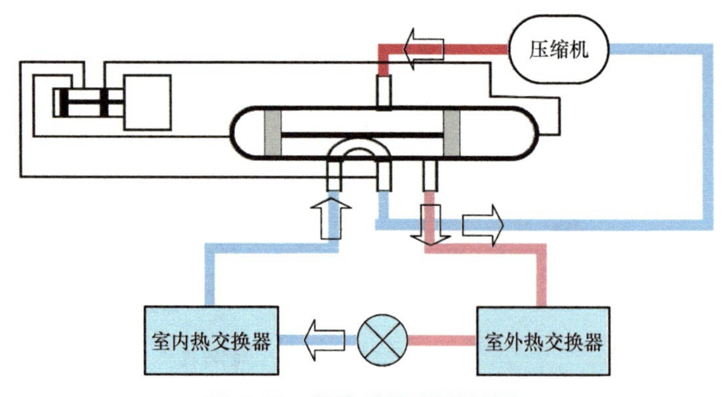

图 1-15　制冷时的四通阀状态

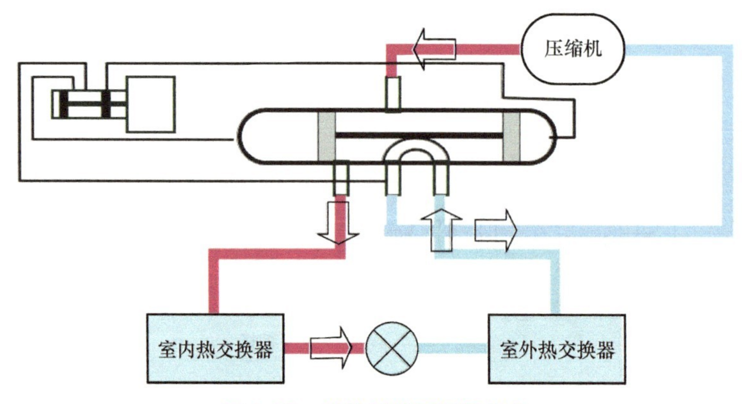

图 1-16　制热时的四通阀状态

项目二 Project 2

安全教育

项目概述

在空调安装、维修等操作过程中，会遇到各种各样的工作环境，每种工作环境都有不同的安全要求，不注意有关的安全要求，就可能危及自身和他人的生命安全。本项目通过介绍劳保用品的正确使用以及工作环境操作要点等讲述安全教育内容。

任务1 正确使用劳保用品

任务描述

了解与各工作环境配套的劳保措施，掌握劳保用品的正确使用方法。

任务实施

1. 认识劳保措施

不同的工作环境有着不同的安全要求，若不注意这些安全要求，则有可能给自己和他人带来安全隐患。工作人员在工作中需要穿着长袖工作服，脚穿劳动防护鞋，佩戴安全帽；毒气或多尘现场需戴防护眼罩和口罩，登高作业需系好安全带。

2. 认识劳保用品、工具

在工作环境中，除了自身的工作态度、安全意识等外，还应注意与他人的交流和相互提醒，防患于未然，减少危险动作的次数越多，生命、财产安全就越有保障。图 2-1 ～图 2-9 为不同场合所需劳保工具。

图 2-1 普通手套

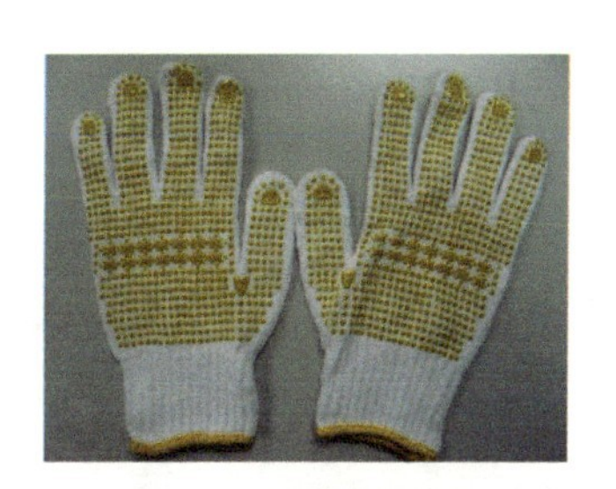

图 2-2 电弧焊手套

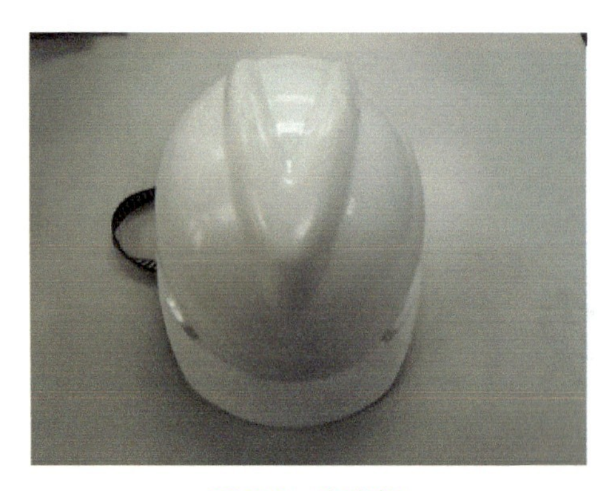

图 2-3　安全帽

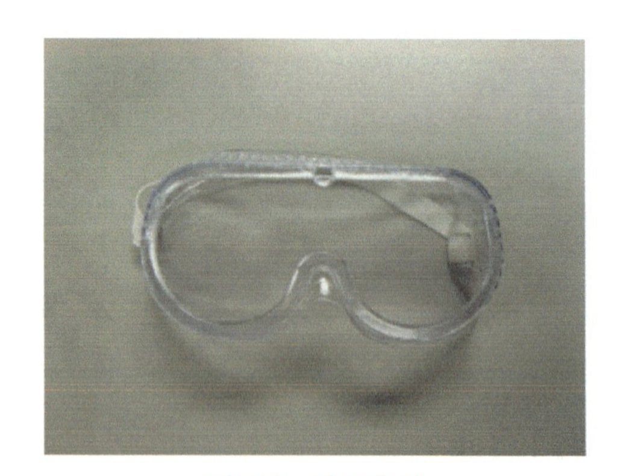

图 2-4　防尘眼镜

图 2-5　气焊眼镜

图 2-6　电弧焊眼镜

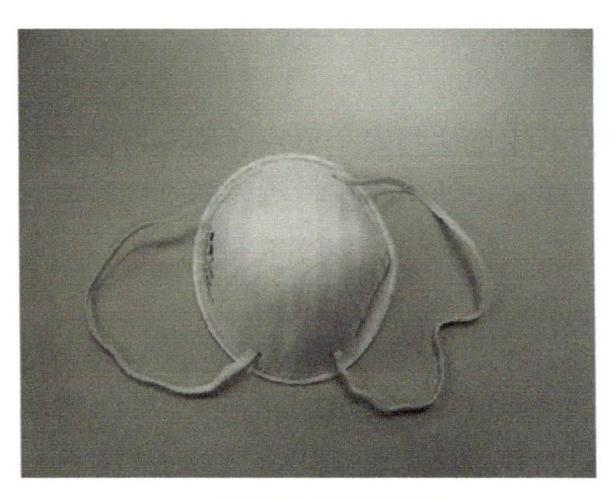

图 2-7　防尘口罩

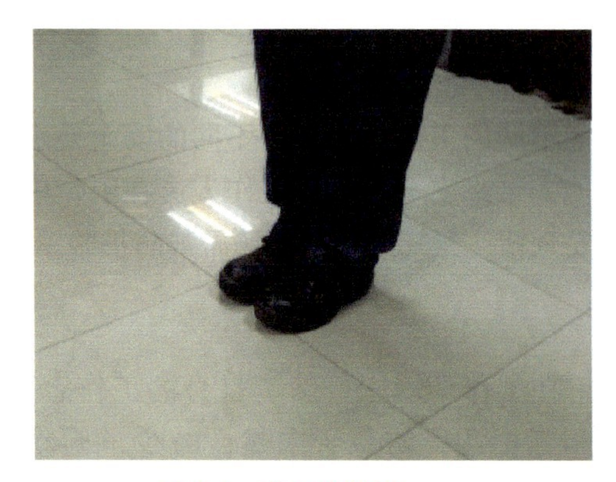

图 2-8　电工绝缘鞋

防尘眼镜适用于棉纺车间、除尘车间、磨砂车间等场合。气焊眼镜适用于石油气焊接、乙炔焊接、切割等场合。电弧焊眼镜适用于电弧焊等场合。防尘口罩，适用于棉纺车间、除尘车间、废弃处理车间、焊接等场合。电工绝缘鞋，适用于带电、高温场合。防尘鞋套，适用于一般室内维修现场、防尘车间、食品车间、精密仪器车间。

图 2-9　防尘鞋套

任务 2　掌握各类工作环境的工作要点

任务描述

熟悉各类工作环境，掌握各工作环境的工作要点。

相关知识链接

图 2-10 ～图 2-14 为各类作业环境。

图 2-10　搬运作业

图 2-11　汽车运输作业

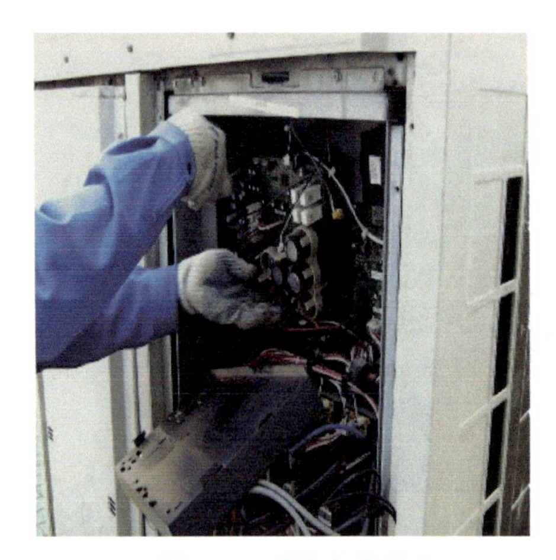

图 2-12　电气场合作业

图 2-13　高空作业

图 2-14　焊接作业

1. 搬运工作环境

日常工作中有时需要搬运、运输气瓶、冷媒瓶等化学危险物品，一时的疏忽往往就会导致发生爆炸、泄露等事故，如图 2-15 ～图 2-18 所示为使用中需要注意的地方。

图 2-15　不得撞击或粗暴地使用

图 2-16　不得用肩膀扛着气瓶

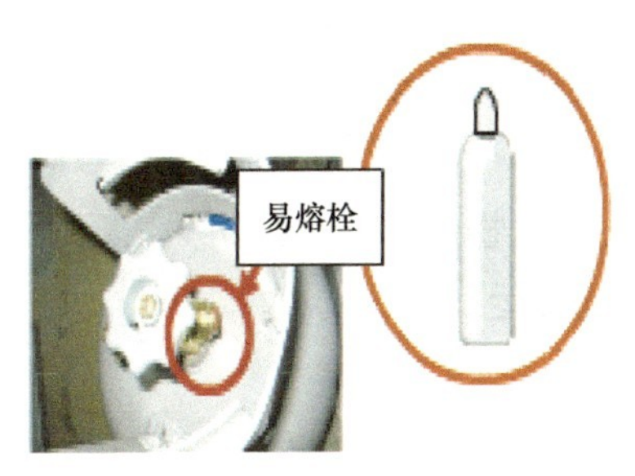

图 2-17 不使用气体时，确认无气体泄漏并盖上瓶帽

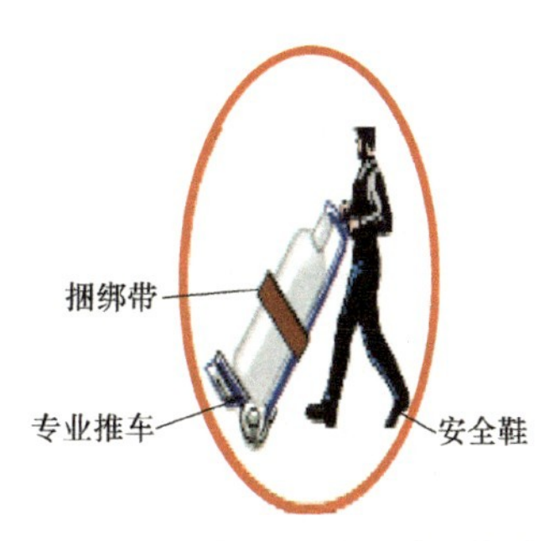

图 2-18 搬运时应用专用推车

2. 汽车运输工作环境

图 2-19 ～图 2-25 为汽车运输的时候需要注意的地方。

图 2-19 爆炸

图 2-20 火灾

图 2-21 缺氧窒息

图 2-22 缺氧窒息、冻伤

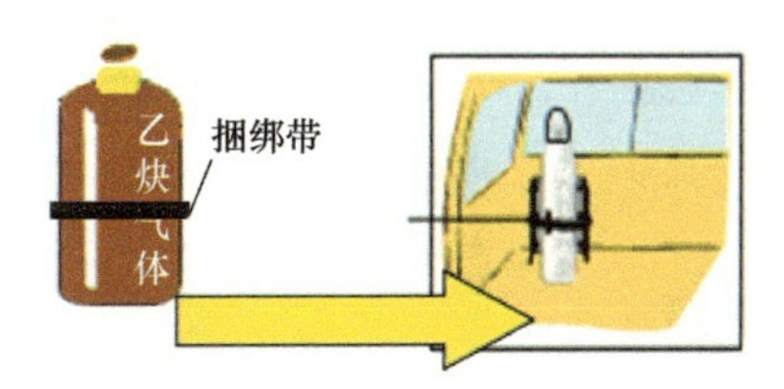

图 2-23 利用捆绑带，防止气体管跌落、滚动

图 2-24 运送压力容器时按国家规定需要使用特种运送车辆

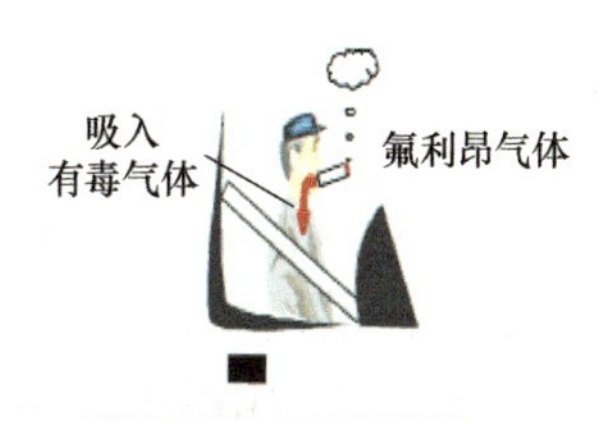

图 2-25 注意泄漏

运送压力容器时，尽量打开车窗，保持车里的温度在40℃以下。

在氟利昂泄漏的车内会产生有毒气体，或是因氟利昂浓度过高使车内人员缺氧而昏厥，严重时造成死亡事故。

搬运、运输作业环境中，应采用正确的方法搬运物品，重物尽量不靠人力，利用手推车等搬运。估计搬运困难时，委托给专业人员搬运。

维修车作业中应注意以下几点。

① 每日出发前切实进行维修车的工作检查。

② 驾驶员每天出发前自我检查身体情况，生病、疲劳时应申请不驾驶。

③ 严格遵守交通规则，行驶中禁止超速，戴好安全带，禁止边驾驶边使用手机。

④ 车辆启动时确认周围环境，倒车时必须由同车者下车引导方向。

⑤ 维修车停靠必须按照顾客指定场所，在特定停靠场所时，排气口要设置防火网。

3. 用电环境作业

在空调维修中不可避免地会接触到使用电的环境。不论高压、低压，只要触电，尤其是在高处触电而坠落，就会引起重大的人身事故，因此需要更加注意。

（1）用电环境作业注意事项

① 务必确认断开开关后再作业（可以由客户物业人员送电、断电，如图2-26所示）。连接计算机或者服务器的要慎重开、关电源，操作中需做好示警标志，表示正在作业中。

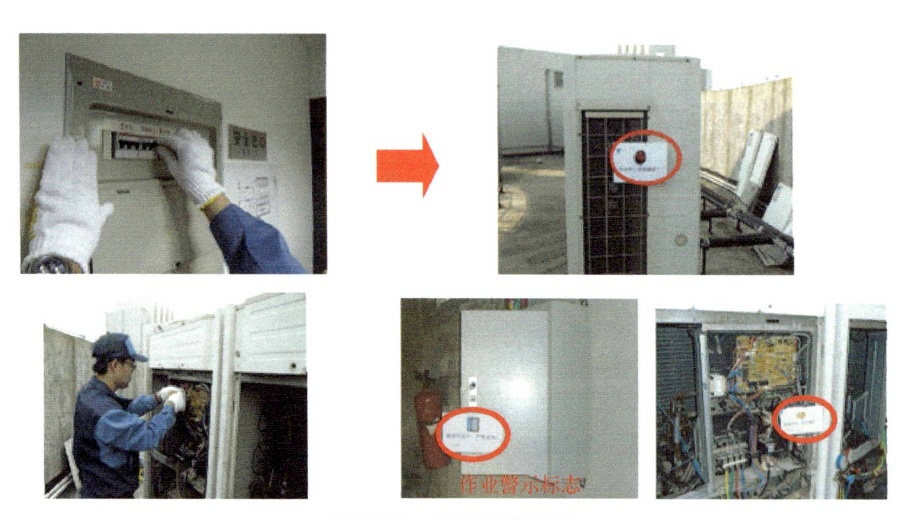

图2-26 用电环境作业

② 切实做好有关的电工防护措施（例如佩戴绝缘手套、穿电工鞋等），如图2-27所示。操作前用大容量电压表确认是否带电，只有在安全有保障的情况下，才能进行带电作业。了解用电作业时发生意外的紧急处理方法。

（2）用电环境作业容易发生事故

① 顾客打开电源后触电。例如，作业结束后打开电源，导致共同作业者触电。

② 虽然关闭了电源，但仍有电而发生触电。例如，关掉无关电源，触摸空调电源后触电。

③ 在下雨天作业或者湿手作业导致触电。

（3）用电环境作业避免易发事故及处理

如图 2-28 所示，作业环境应设置警示标志。通电时应和共同作业者进行手势呼应，取得互相确认，相距较远时应携带对讲机呼应。

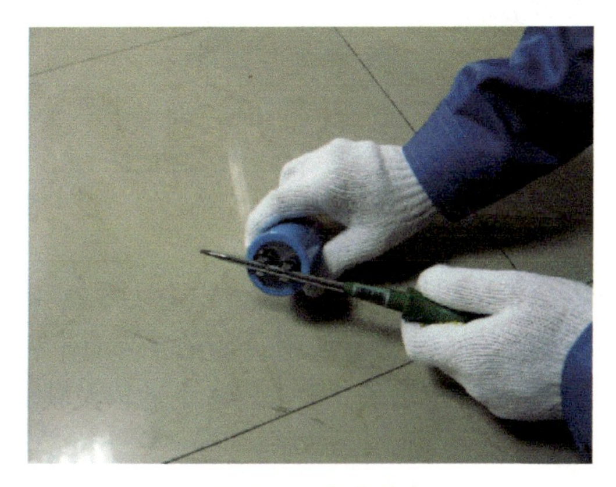

图 2-27 电容放电

图 2-28 警示标志

1）切实做好有关的绝缘防护措施（戴绝缘手套、穿电工鞋等）。

2）电气作业时禁止佩戴首饰，禁止卷袖。

3）确认电源必须使用万用表和绝缘表，禁止带电作业。

4）开启电源时，需做好示警标志，表示正在作业中。

5）用电作业时，注意是否影响到他人的工作及安全。

6）只有在安全有 100% 的保证下，才能进行带电作业。

7）对空调中的大电容，在作业中注意放电。

8）临时用电时必须对工具进行确认，防止短路、绝缘。

9）送电时必须各方面确认后才能进行，防止触电、设备损坏。

10）了解电气作业发生意外时的紧急处理方法。

4. 高空作业环境

1）在高空作业时，容易发生的事故如下。在倾斜的屋顶滑跤或坠落；使用的工具掉下楼砸到同伴或行人；雨天作业，高处滑倒；接下方扔上来的工具，结果姿势失衡而坠落。

2）不规范作业。

图 2-29 与图 2-30 均为不规范作业，实际操作中应避免。

图 2-29　不规范作业（一）

图 2-30　不规范作业（二）

3）高空环境作业的防范措施如下。

① 在室外高空作业时必须正确系好安全带，根据规定应在 2m 以上（图 2-31）。

② 安全带必须在安全有效的位置进行固定，必要时可使用两套安全带（图 2-32）。

③ 高空作业必须正确佩戴安全帽，尤其在特定场所（如工厂、工地以及狭小的场所）。

④ 高空作业可以使用护足，把裤口包扎起来，减少阻碍（图 2-33）。

⑤ 在室外移动时，必须着力于防滑和支撑的位置，进行脚下确认，防止滑倒和坠落；非安全情况下，不要勉强进行高空作业，应在充分做好安全措施之后再作业。

⑥ 高空作业时，手中工具必须有防落措施，以免下坠时伤及他人。

⑦ 高空作业时，应在下方危险区域内设置安全栏。

⑧ 高空作业时禁止危险动作。

⑨ 高空作业禁止单独作业（必须两人以上）。

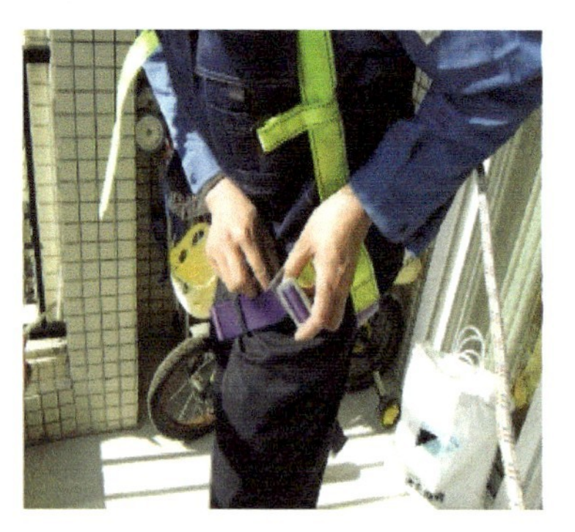

图 2-31　检查安全带质量和长度

图 2-32　检查固定点位置

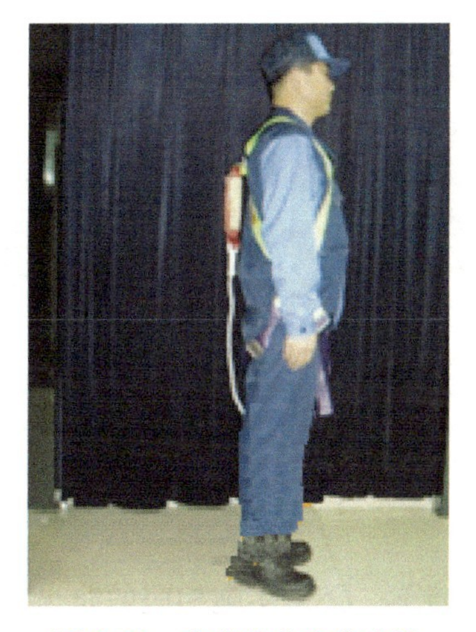

图 2-33 高空作业安全确认

4）高空作业使用脚手架的注意事项如下。

① 脚手架的脚部需要装防滑垫。

② 架在地质松软的地面时脚部放上垫板。

③ 确认好脚手架固定撑杆。

④ 以稳定的姿势进行作业。

⑤ 需要的工具最好套上吊带系在腰间，不需用的工具及时放回地上。

⑥ 不要乱扔工具和物料（图 2-34）。

图 2-34 脚手架使用注意事项

5. 焊接作业环境

焊接要持证上岗，并符合国家有关规定。图 2-35 和图 2-36 为焊接作业环境。

图 2-35 焊接作业环境（一）

图 2-36 焊接作业环境（二）

① 焊接或有火的作业环境下，必须实施相应的防火措施，防火工具必须放置在就近处。

② 易燃场所或易燃作业时，禁止吸烟，禁止使用产生火花的工具。

③ 易燃作业前必须对周围环境确认后才能作业，有必要时可进行保护措施，有易燃易爆物的一定要进行隔离。

④ 焊接作业必须使用劳动防护用品。使用电弧焊机时必须戴皮手套。

⑤ 焊接环境必须注意通风、排气的情况，必要时可采用强制排风等措施。

⑥ 焊接后的对象在相当的时间内保持高温，必须做好警示标志，防止造成他人触摸而烫伤。

⑦ 在会产生十分危险或有毒气的场所，禁止进行焊接作业。

⑧ 焊接时会飞溅火星，焊接前需对周围环境进行防火的确认。

⑨ 焊接前一定要注意焊具的安全情况，进行有关的检查，气压瓶不得横置。

6. 其他作业环境

① 制冷剂的排放过程应在空气充分流通的环境下进行，避免发生缺氧；制冷剂应避免遇到明火，否则会产生有害气体。

② 压力表、压力瓶等工具阀门的开闭使用情况应确认，压力表的橡皮管劳损情况必须日常确认。

③ 对工作服，上衣及裤子的钮扣应全部扣好，保持整洁以便随时进行作业。

④ 维修作业人员必须持有相关的上岗证（如焊工证、制冷工证、电工证）才能进行维修作业。

任务 3 辨识危险源训练

任务描述

通过辨识危险源训练，提高安全操作意识。

任务实施

1. 辨识危险源训练一

图 2-37 潜在危险分析如下。

① 打开电源箱时，裸露的机体碰到项目内侧的电源部分触电。

② 用湿润的手打开电源时触电。

③ 手触摸到荧光灯后触电。

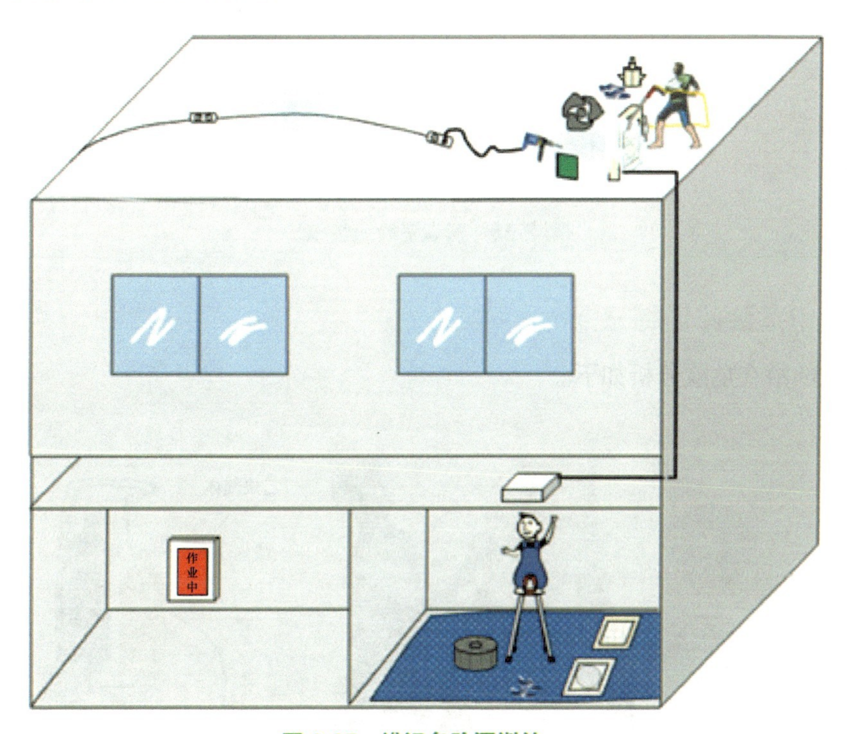

图 2-37　辨识危险源训练一

④ 作业者光脚踩在电源线漏电的水里触电。

⑤ 使用被水淋湿的电动工具后触电。

⑥ 人站在梯子的顶部且没做保护措施。

2. 辨识危险源训练二

图 2-38 潜在危险分析如下。

① 气瓶倒下，脚会被压在瓶子下。

② 手会被夹在门与气瓶之间。

③ 开错了阀门，氟利昂气体喷到手上，导致手被冻伤。

④ 气瓶倒下后受到振动，阀门部分被撞开后飞出来，砸到周围的人。

图 2-38　辨识危险源训练二

3. 辨识危险源训练三

图 2-39 潜在危险分析如下。

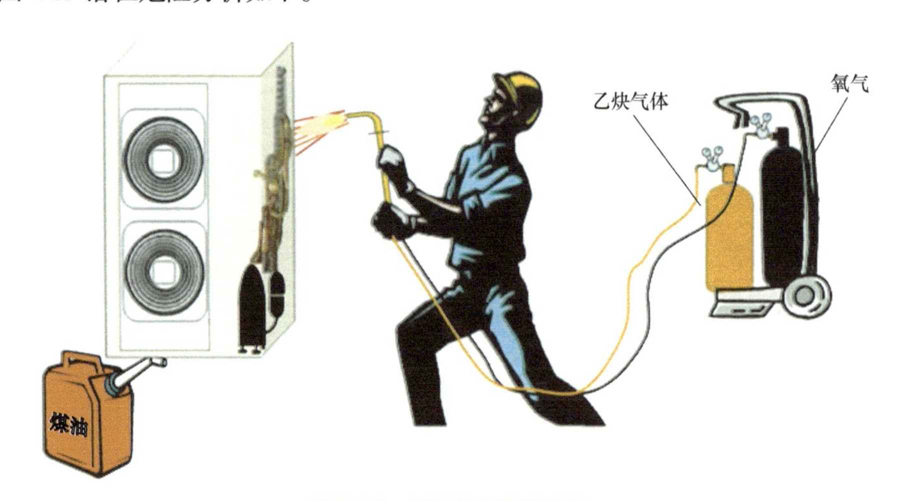

图 2-39　辨识危险源训练三

① 未戴遮光防护眼镜，看到火花后，眼睛产生疼痛感。
② 折下配管时，制冷剂外喷，在制冷剂中的油引燃起火，导致作业者被烧伤。
③ 火延烧至周边的可燃物，引起火灾。
④ 氧气、乙炔气瓶倒在作业者身上，导致作业者受伤。
⑤ 火花飞溅在卷起袖子的手臂上，导致手臂被烧伤。

4. 辨识危险源训练四

图 2-40 潜在危险分析如下。

① 在倾斜的屋顶上滑跤、坠落。
② 工具掉落，碰击到行人。
③ 接从下方扔上来的工具，结果姿势失衡而坠落。

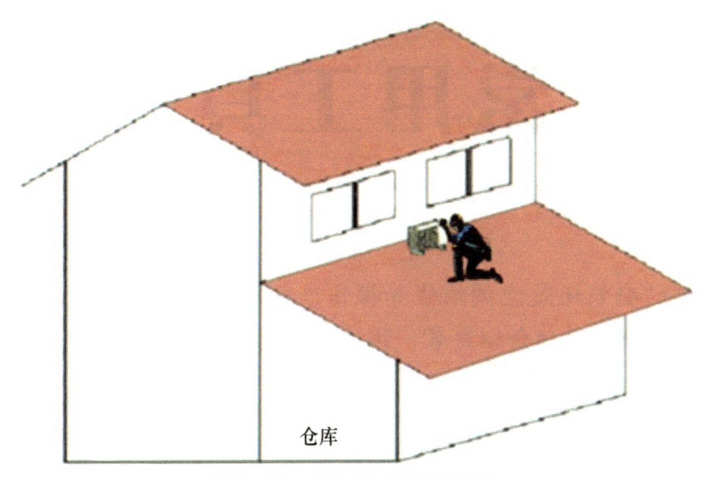

图 2-40 辨识危险源训练四

5. 小知识：海因里希法则

海因里希法则又称“海因里希事故法则”，如图 2-41 所示，是美国安全工程师海因里希提出的“300 ∶ 29 ∶ 1 法则”。该法则内容为：当一个企业有 300 起隐患或违章出现时，非常有可能要发生 29 起轻伤或故障，另外还可能出现一起重伤或死亡事故。

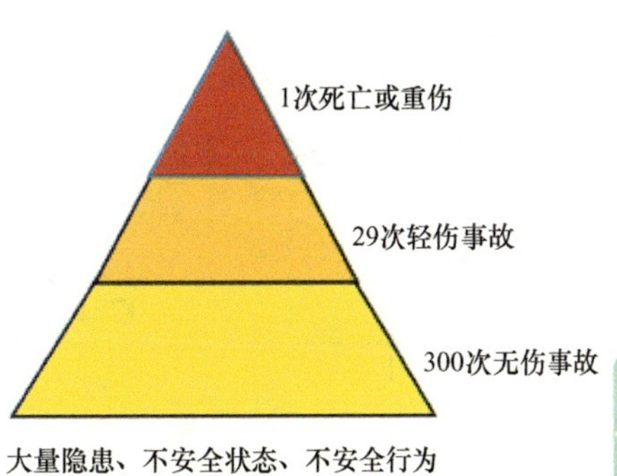

图 2-41 海因里希法则

对于不同的生产作业过程，不同类型的事故，隐患、轻伤、重伤的比例不一定完全相同，但无数次意外事件必然导致重大伤亡事故的发生。要防止重大事故的发生，必须减少和消除无伤害事故，要重视事故的苗头和未遂事故，否则终将酿成大祸。

项目三 Project 3

常用工具

项目概述

无论是空调的安装还是空调维修等操作过程，正确使用各类工具都是操作人员所必备的技能。本项目详细介绍安装、维修工具的使用方法和使用步骤等。

任务1　熟悉并正确使用空调安装工具

任务描述

熟悉空调安装的常用工具，掌握其使用方法，了解其操作注意事项。

相关知识链接

表3-1～表3-3为常用安装工具图例与特点。

表3-1　割刀、扩口器、毛边铰刀

名称	图例	特点
割刀		铜管切割专用工具，大小根据铜管的管径来选择。小型割刀多用于分歧管的切割或空间狭小的场合
扩口器、毛边铰刀		铜管喇叭口加工专用工具。 扩口器在使用时，先把铜管插入与它相匹配的管夹中，用固定栓固定住，再旋转把手，进行扩口作业。 毛边铰刀是用来清除铜管切割口内壁的翻边，以便进行扩口或长管作业

表 3-2 力矩扳手、胀管器

名称	图例	特点
力矩扳手		拧紧喇叭口螺母的专用工具，根据喇叭口螺母的大小来选择。在拧紧的过程中，当听到“咔哒”声后即停止，切勿再用力
胀管器		相同管径的铜管对接时使用，其头部大小根据铜管尺寸选择。 用胀管器扩大铜管的内径，再插入相同管径的铜管，然后进行焊接

表 3-3 弯管器、压力表

名称	图例	特点
弯管器		冷媒管弯管专用工具，根据铜管的尺寸选择，可以按照需要的角度以及长度进行调整。 注意左弯与右弯管取长度的方法不同
压力表		冷媒管气密试验专用工具。 注意 R410a 冷媒系统气密试验用的压力表量程必须达到 4MPa 以上

1. 扩口操作

（1）切割一段铜管（图 3-1）

将切管器按逆时针方向旋转，把铜管切断。慢慢滑动切管器的调节器。

（2）去除切割面的毛刺（用毛边铰刀)(图 3-2）

将铜管朝下放置，不要使铜管的内表面变得不对称。

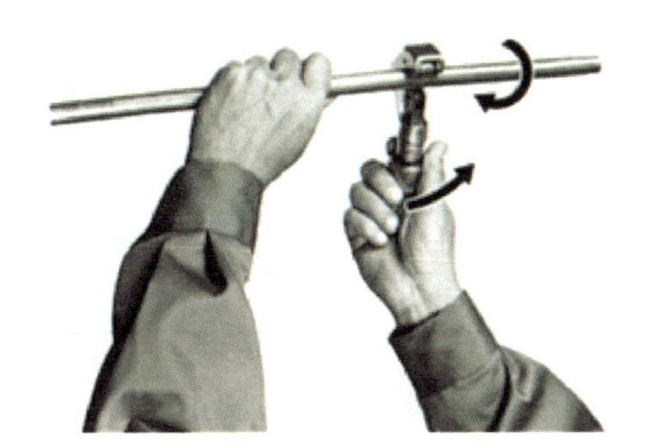

图 3-1 切割铜管

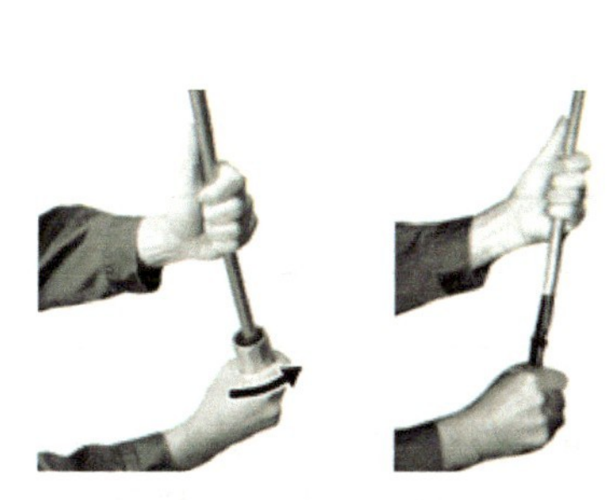

图 3-2 去除毛刺

（3）磨光切割面（用锉刀）(图 3-3）

将铜管朝下放置。

（4）清洁铜管的内表面（图 3-4）

将铜管里的碎片全部清除（如果铜管内有剩余的碎片，就会磨损压缩机的金属件)。

图 3-3 磨光切割面

图 3-4 清洁内表面

（5）将一个扩口螺母插入铜管（图 3-5）

在对管子一端进行扩口之前，一定要先插入扩口螺母，因为管子在扩口之后就不能再插入扩口螺母之中了。

（6）用护口靠模夹住管子（图 3-6）

确认扩口靠模内是清洁的，并用符合设计要求的扩口靠模夹住管子，表 3-4 为铜管尺寸。

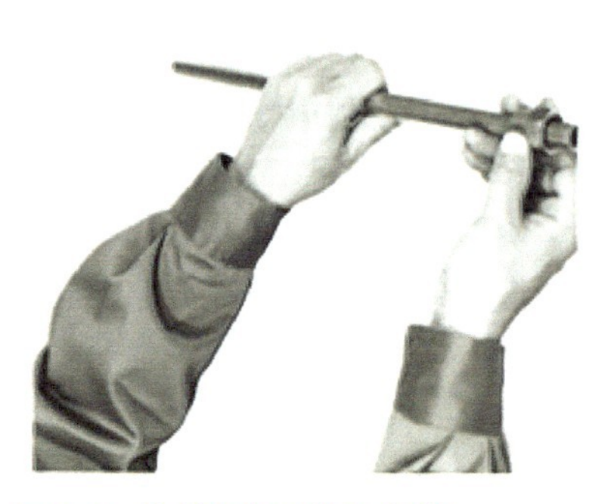

图 3-5 将扩口螺母插入铜管

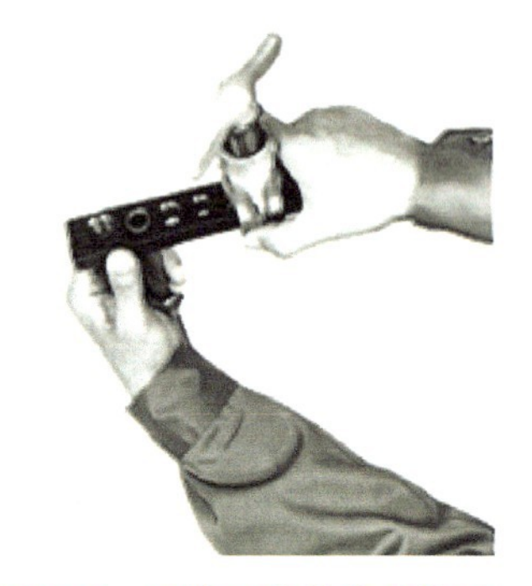

图 3-6 用护口靠模夹住管子

表 3-4 铜管尺寸

铜管的尺寸	ϕ6.4［（1/4）in］	ϕ9.5［（3/8）in］	ϕ12.7［（1/2）in］	ϕ15.9［（5/8）in］	ϕ19.1［（3/4）in］
壁厚 /mm	0.5				1.0

测量扩口靠模表面到铜管末端的距离（图 3-7）。如果测定的尺寸较小，相应的接续部件尺寸也会比较小，这样就可能会产生漏气现象。

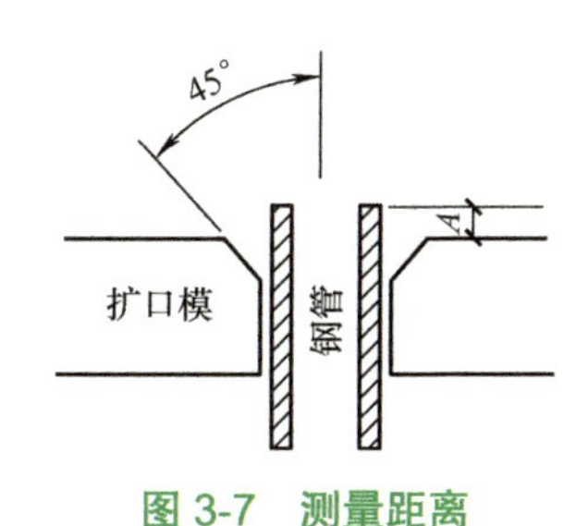

图 3-7 测量距离

（7）安装冲头主体（图 3-8）

把冲头主体安放在扩口靠模上设定的位置。

（8）扩口（图 3-9）

拧紧扩口靠模的手柄，直到它发出“咔哒”声之后成为空转状态。

图 3-8 安装冲头主体

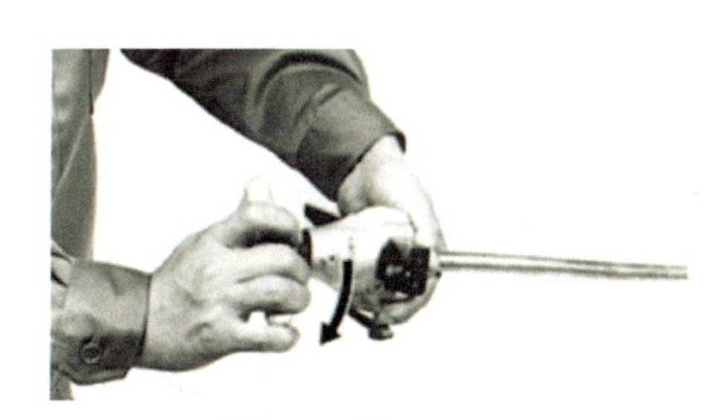

图 3-9 护口

（9）取下扩口靠模（图 3-10）

沿顺时针方向转动手柄直至顶端位置。

（10）检查扩口表面（图 3-11 和图 3-12）

检查扩口部分是否圆整，有无裂缝、疤痕或遗留的毛刺。表 3-5 为扩口完成后部分参考尺寸。

图 3-10 取下扩口靠模

图 3-11 喇叭口检查

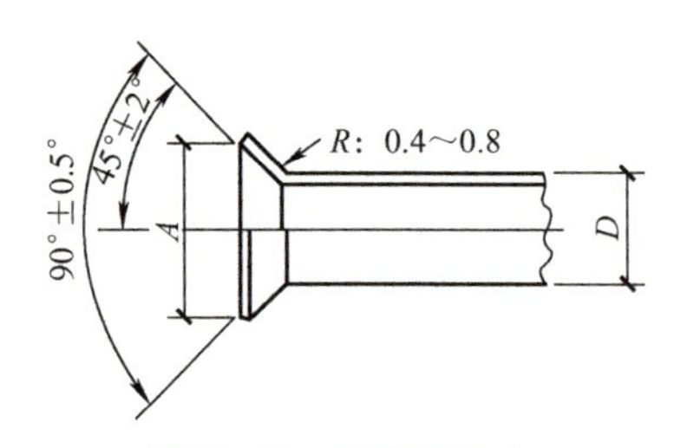

图 3-12　喇叭口尺寸

表 3-5　扩口尺寸

标称直径 / in	管道外径 *D*/ mm	扩口直径 *A*/ mm
1/4"	6.35	8.3 ～ 8.7
3/8"	9.52	12.0 ～ 12.4
1/2"	12.7	15.4 ～ 15.8
5/8"	15.88	18.6 ～ 19
3/4"	19.05	22.9 ～ 23.3

图 3-13 为扩口不良情况，出现此类情况时需要重新进行扩口，若直接使用可能出现连接处泄漏等情况。

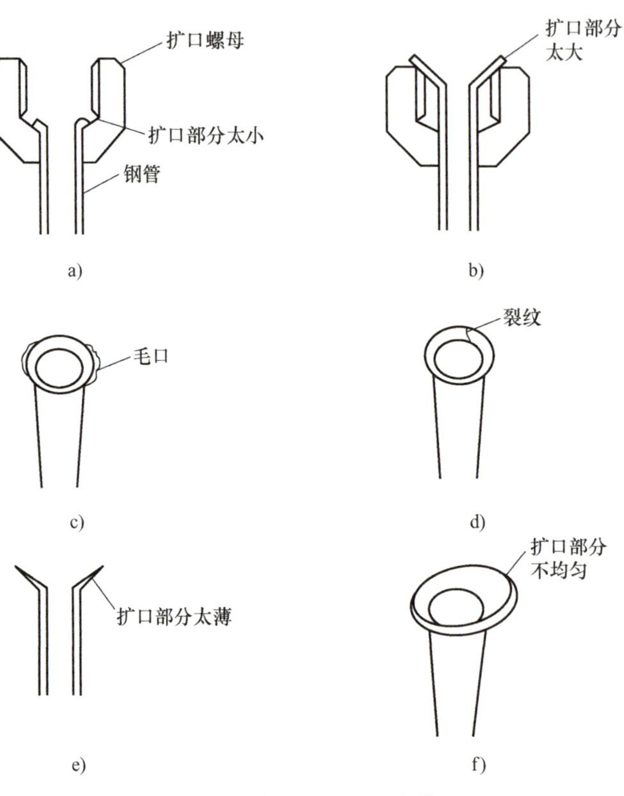

图 3-13　喇叭口制作不良情况

2. 弯管操作

1）为了把管子放入弯管器中，先将弯管器柄放成 180°，把夹管钩放下。将管子放入成型轮槽中（图 3-14）。

2）将夹管钩扣到管子上，并把手柄拉至接近直接的位置，使成型滑脚压到管子上。注意成型轮上的零标记要和手柄成型滑脚的前缘平齐（图 3-15）。

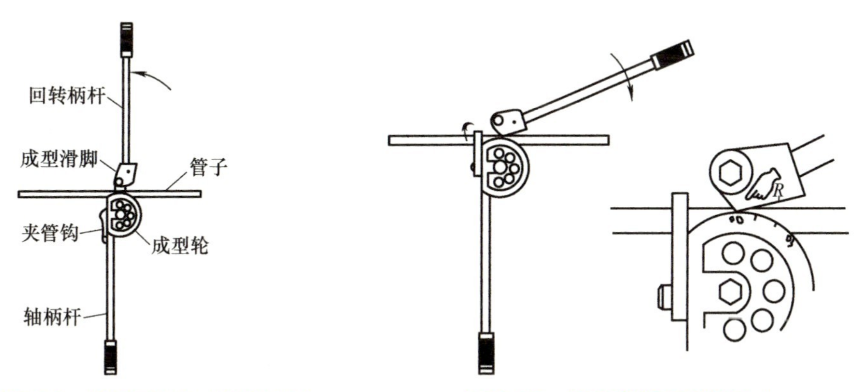

图 3-14　将管子放入成型轮槽中　　图 3-15　将夹管钩扣到管子上

3）将管子弯到需要的角度，弯曲的角度可以从成型轮上的刻度看出。用稳定、连续的动作一次性将手柄弯曲接近 180°（图 3-16）。

4）为了取下管子，先将回转手柄旋转到和管子成直角的位置，使成型滑脚脱开。松开夹管钩，取下管子（图 3-17）。

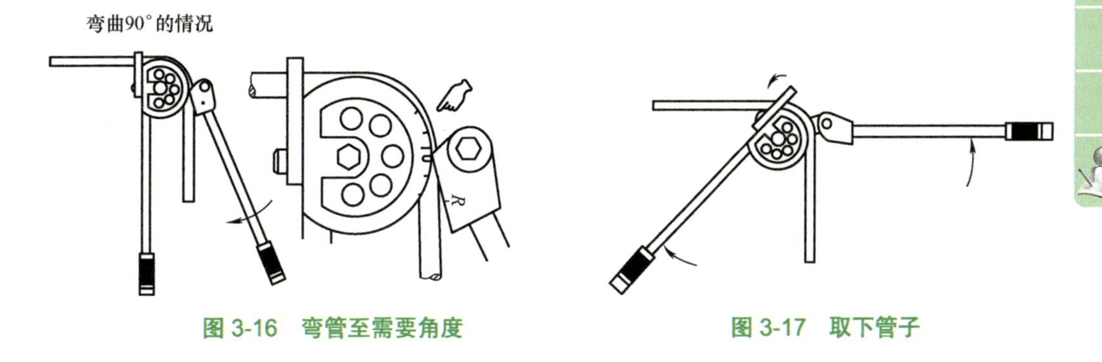

图 3-16　弯管至需要角度　　图 3-17　取下管子

注意：不时用油涂擦手柄轴销和手柄成型滑脚，以使弯管更加容易进行。成型轮槽应保持干燥、清洁，以防管子在弯曲时打滑。对于难以弯曲的管子，可以用老虎钳夹住手柄，弯管时把老虎钳口夹在离成型轮尽可能近的地方。

制作特定尺寸弯管的方法

① 将管子如图 3-18 所示放入弯管器，使尺寸标记“*X*”和成型轮的边缘成一直线。

② 将管子如图 3-19 所示放入弯管器，使尺寸标记“*X*”和手柄滑脚上的“*R*”标记成一直线。

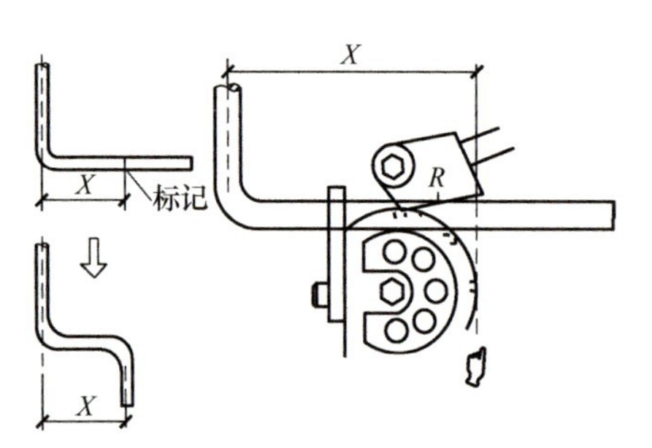

图 3-18 特定尺寸弯管制作方法（一）

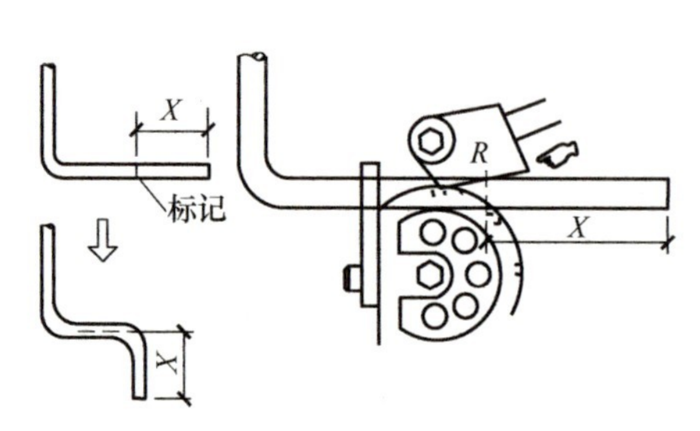

图 3-19 特定尺寸弯管制作方法（二）

任务 2 熟悉并正确使用空调维修工具

任务描述

熟悉空调维修的常用工具，掌握其使用方法，了解其操作注意事项。

任务实施

1. 检测仪器的使用

图 3-20 为各类检测仪器。

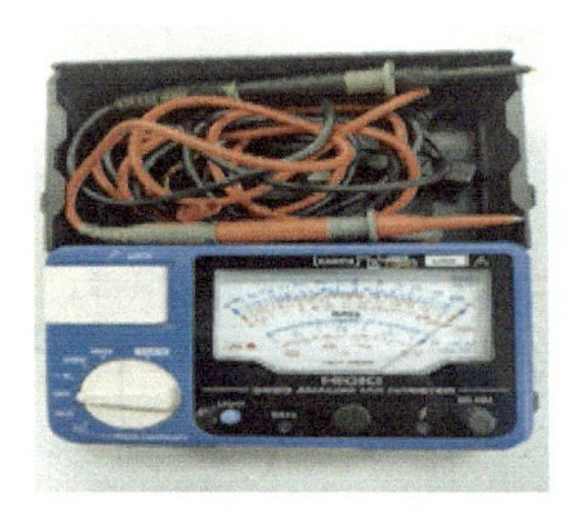

电子绝缘表

噪音仪

电子万用表

钳形电流表

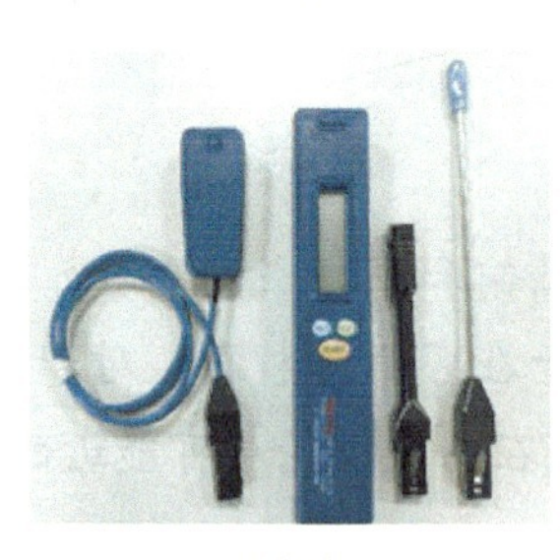

温度计

风速仪

图 3-20 检测仪器

（1）校准

在空调领域，为了保证测量精度，在使用检测仪器之前应对其进行校准；如果未能定期校准，将无法保证维修诊断的正确性。

（2）有效的校准

为了保证校准测定的准确有效，首先需要得到一个可靠的数据 A，这个可靠的数据 A 可以是仪表刚采购时的数据。

（3）检测仪器的废弃

检测仪器无法进行校正时，不可再用。对于一些具有逻辑存储功能的检测仪器，必须将数据清除后进行废弃。

仪器仪表的废弃需符合当地的相关法律法规要求。

（4）定期点检

检测仪器的点检应制定相应的制度，包括校正、维护、更新等。

1）制冷剂定量加液秤。3 个月检测一次，主要项目：仪器电量、测量精度。

2）兆欧表（绝缘表）。每年检查一次，主要项目：1MΩ 的测量是否正确。

3）电子检漏仪。每年检查一次，主要项目：泄漏测试。

2. 万用表的使用

（1）用途

一般以测量电压、电流和电阻为主要目的。

（2）特性

万用表的表棒，红色为 +、黑色为 −。

（3）分类

万用表按数据采集方式不同分为指针式和数字式两种。

指针式万用表由于指针波动的特点，很难读到准确的测量结果；需选择量程，使用不便。数字式万用表（图 3-21）精确度较高，使用方便；但各型号数字式万用表由于 A/D 转换器性能不同，无法得到实时数据。

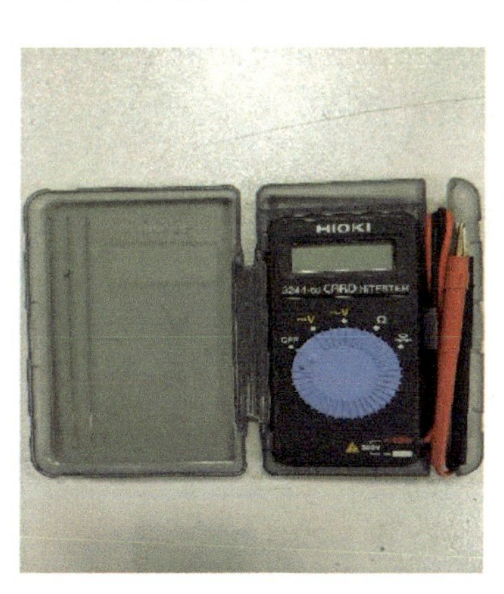

图 3-21 数字式万用表

需要注意的是，使用指针式万用表时，如果误用电流档测量电压，很容易将万用表烧坏。

（4）使用方法

1）直流电压 DC 的测量。

① 选择档位至直流电源档，将表棒并联到被测部。

② 选择合适的量程，通过测试确认量程是否过大或过小。

③ 指针处于 1/3 ～ 2/3 区间最佳。

2）交流定压 AC 的测量。

① 选择档位至交流电源档，将表棒并联到被测部。

② 选择合适的量程，通过测试确认量程是否过大或过小。

③ 指针处于 1/3 ～ 2/3 区间最佳。

3）阻值的测量。

① 选择档位至电阻档，将表棒并联到被测部。

② 选择合适的量程，测量前进行调零。

③ 通过测试确认量程是否过大或过小（重新选择量程后需再次校零）。

④ 指针处于 1/3 ～ 2/3 区间最佳。

4）导通的测量。

① 选择档位至导通档，将表棒并联到被测部。

② 检测到阻值为 0 ～ 50Ω，蜂鸣器响。

5）电池的测量（判断是否可用）。

① 由于电池存在内电路，因此无法测得内部阻值，而需要测定正确的电压（例如 1.5V 和 9.0V 等），从而判断电池是否可用。

② 选择电压档，表棒连接电池 + 和 –。

测试过程中，严禁带电转换量程。使用指针式万用表进行电阻测量时应当先进行调零（图 3-22）。电阻档调零方式如下。

a. 把两表笔直接相碰（短路）。

b. 调整表盘下面的零欧调整器，使指针正确指在“0Ω”处。

c. 每一次更换量程时都需要进行一次调零。

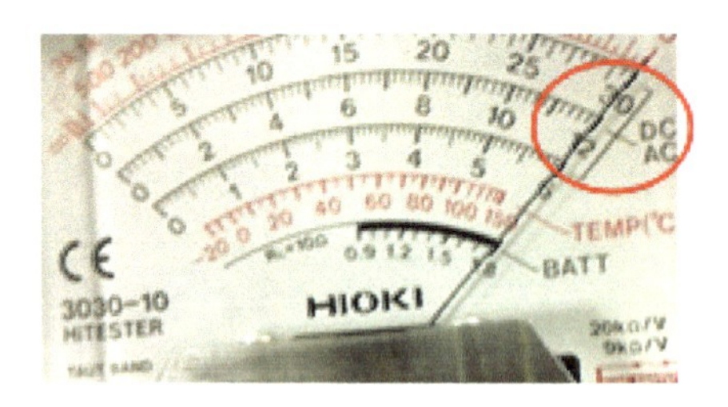

图 3-22　电阻档调零

3. 钳形表的使用

（1）用途

一般以测量电流、频率为主要目的。

（2）特性

与电流表相比，可以不接入电路就测定电流。

（3）分类

按数据采集的方式不同分为模拟式和数字式。

1）模拟式钳形表特性。

① 由于信号波动的特点，很难读到准确的测量结果。

② 由于电流的感应实时产生信号，因此对电流变化的确认非常有效。

2）数字式钳形表特性（图 3-23）。

① 精确度较高，使用方便。

② 频率的测量结果没有误差，便于压缩机动作的确认。

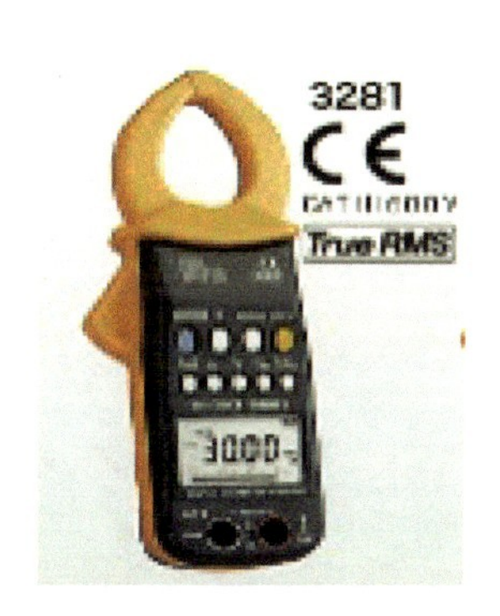

图 3-23　数字式钳形表

（4）使用方法

① 测量前要机械调零。

② 选择合适的量程，先选大量程，后选小量程，或看铭牌值估算。

③ 测量完毕，要将转换开关放在最大量程处。

④ 测量时，应使被测导线处在钳口的中央，并使钳口闭合紧密，以减少误差（图 3-24 和图 3-25）。

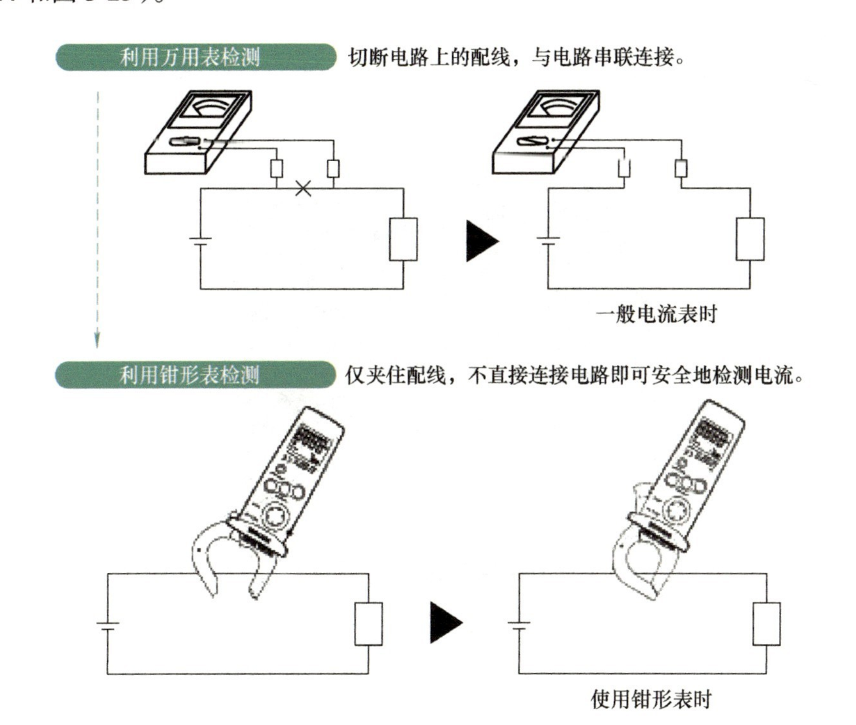

图 3-24　数字式钳形表的使用

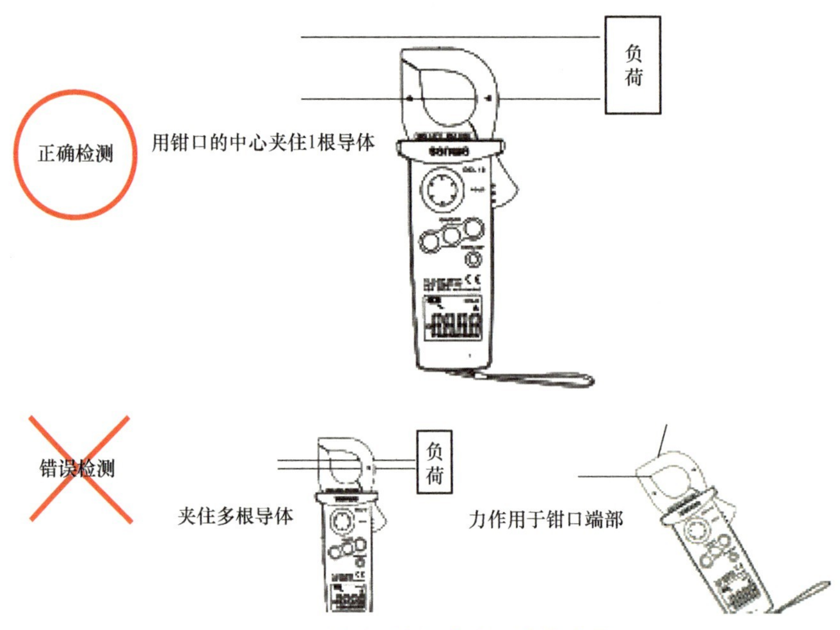

图 3-25　数字式钳形表使用注意事项

4. 绝缘表的使用

（1）用途

绝缘阻值的测定（图 3-26）。

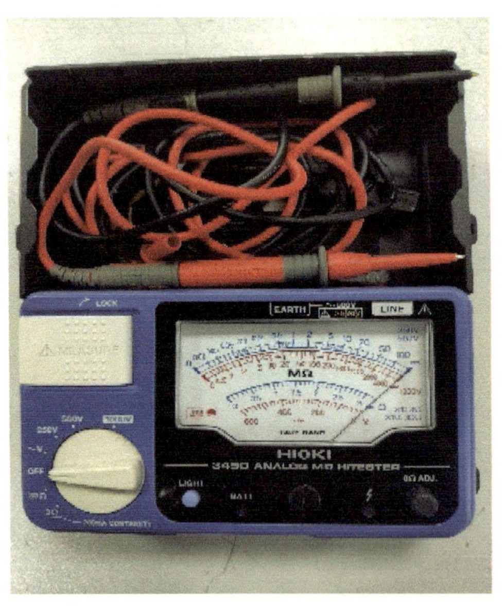

图 3-26　绝缘表

（2）特性

利用 DC125 - 1000V 的电压对平常仪器不能测得的电阻进行测量（通常用 3 ～ 9V

电压进行放大后再利用)。

(3)使用方法

① 断开机器的电源。

② 有些绝缘电阻表的标度尺不是从零开始，而是从 1MΩ 或 2MΩ 开始，这种绝缘电阻表不适宜用于测定处在潮湿环境中的低压电气设备的绝缘电阻，因为在这种环境中，电气设备的绝缘电阻值较小，在表上得不到读数，容易误认为绝缘电阻值为零而得出错误的结论。

③ 测量前按压电池键确认是否有电。

④ 黑表棒连接机器金属部位，红表棒连接被测部，按下测量键。

(4)使用注意事项

在绝缘电阻表没有停止转动和被试物没有放电以前，不可用手触及被试物测量部分和进行拆除导线的工作。

(5)手摇式绝缘表(图 3-27)

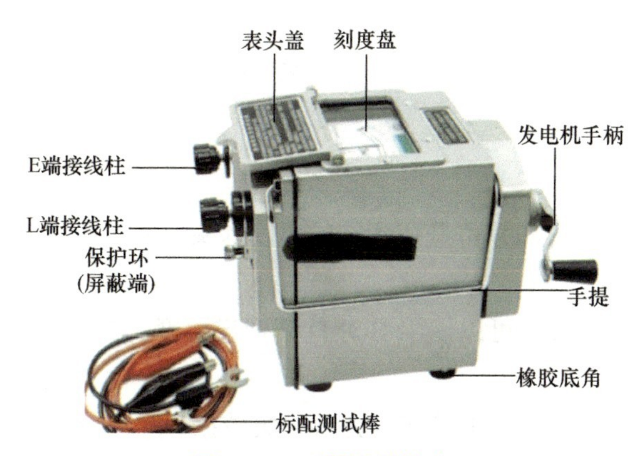

图 3-27 手摇式绝缘表

1)手摇式绝缘表的接线。

手摇式绝缘表有三个接线端钮，分别标有 L(线路)、E(接地)和 G(屏蔽)。当测量电力设备对地的绝缘电阻时，应将 L 端接到被测设备上，E 端可靠接地即可。

2)手摇式绝缘表的检查。

在手摇式绝缘表未接通被测电阻之前，摇动手柄使发电机达到 120r/min 的额定转速，观察指针是否指在标度尺“∞”的位置。

3)绝缘阻值检测。

① 检查被测设备和线路是否在停电的状态下进行测量。手摇式绝缘表与被测设备间的连接导线不能用双股绝缘线或绞线，应用单股线分开单独连接。

② 将被测设备与手摇式绝缘表正确接线。摇动手柄时应由慢渐快至额定转速 120r/min。

③ 正确读取被测绝缘电阻值大小。同时，还应记录测量时的温度、湿度、被测设备的状况等，以便分析测量结果。

5. 温度计（图 3-28）的使用

（1）用途

空调机的冷媒配管表面温度测量；室内机等吸入、吹出空气的温度测量。

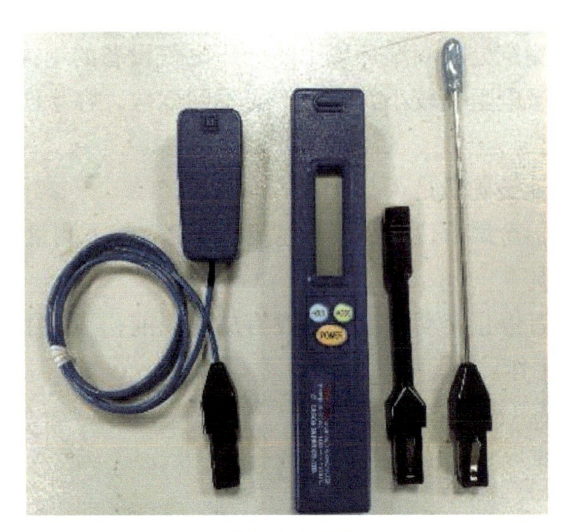

图 3-28　温度计

（2）特性

① 根据计量的用途不同，可选用不同的温度探头（表面温度探头、空气温度探头、液体温度探头等）。

② 在视线受阻的场合，可以使用 HOLD 键锁定温度。

（3）测定对象

① 空气温度测量，采用热电检测的方式采集数据。

② 表面温度测量，不宜使用空气温度探头进行测量，易产生误差。

（4）使用方法

① 表面温度测量时，接触面与温度计相垂直。当测量冷媒配管时，温度计探头需与配管完全接触。

② 空气温度测量时，需让温度探头面向风向。

（5）使用注意

温度计探头谨慎保护（图 3-29）。

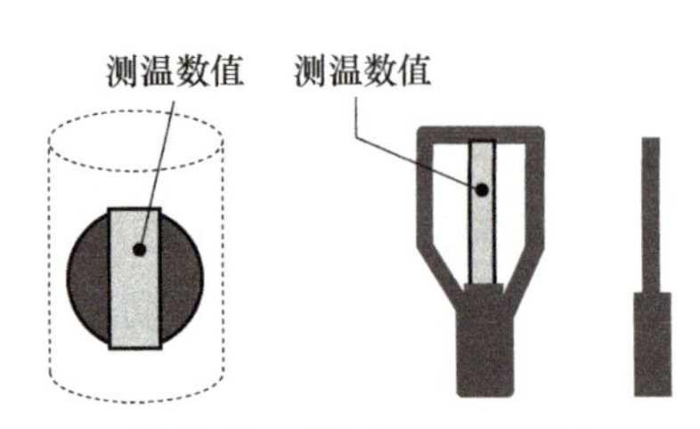

图 3-29　温度计探头保护

（6）优缺点

1）玻璃管温度计（水银温度计）。

优点是结构简单，使用方便，测量精度相对较高，价格低廉。缺点是测量上下限和精度受玻璃质量与测温介质的性质限制，且不能远传，易碎。

2）压力式温度计。

优点是结构简单，机械强度高，价格低廉，不需要外部能源。缺点是测温范围有限，一般在 -80 ～ 400℃，热损失大，响应时间慢，测量精度受环境温度及安装位置影响大。

3）双金属温度计。

优点是结构简单，价格低，维护方便，比玻璃管温度计坚固、耐震、耐冲击。缺点是测量精度低，量程和使用范围均有限。

4）热电阻温度计。

优点是外形小，机械性能好，抗振动，响应时间快。缺点是电阻温度系数较小，价格较高。

6. 噪声仪的使用

（1）用途

用来测量声音分贝，测量是否有噪声（图 3-30）。

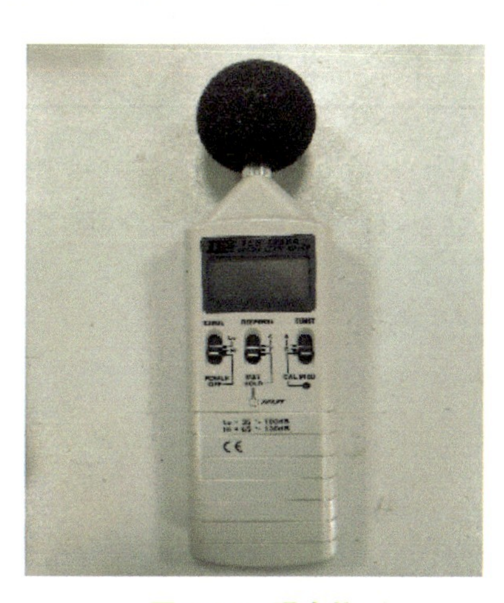

图 3-30 噪声仪

（2）特性

① 在数据实时变化的场合，可以使用 HOLD 键锁定最大值。

② 内部自我校正。

（3）使用方法

① 为保证测量的准确性，使用前及使用后要进行校准。

② 测量时，仪器应根据情况选择好正确档位。

③ 传声器的位置应根据有关规定确定。

④ 先采集背景噪声，后采集被测噪声。

（4）注意事项

① 噪声仪在测量前需要选择量程，根据所用型号不同量程有所差异。

② 噪声仪测量模式需在测量前确认，A 档为人耳能够听到的声音；有特殊要求时选择 C 档。

（5）常见空调测量位置选择

空调噪声测量应当在空调标准测试条件下进行，具体测试条件应查询各设备技术资料。图 3-31 为常见空调室内、外机测试条件。

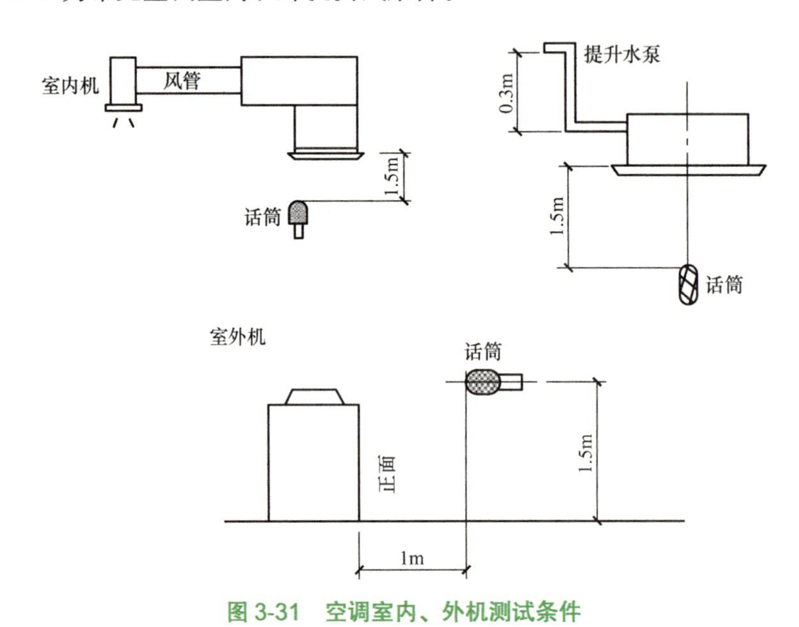

图 3-31　空调室内、外机测试条件

7. 风速仪（图 3-32）的使用

图 3-32　风速仪

（1）用途

风速、风量的测量。

（2）特性

① 灵敏度高，可精确测量。

② 可计算平均风速。

（3）使用方法

① 使用前观察电表是否指于零点。

② 将探头面对着风向读取数据。

③ 同一风口测量 3、4 次，以算取平均风速。

（4）使用注意事项

① 禁止将风速仪探头置于可燃性气体中。

② 不要拆卸或改装风速计。

③ 不要将风速仪放置在高温、高湿、多尘和阳光直射的地方，否则易造成探头损坏。

（5）风量计算

① 长方形或方形出风口：

面积 = 长 × 宽（m^2）

风速 = 面积各点的平均风速（m/s）

风量 = 风速 × 面积（m^3/s）

② 圆形出风口：

面积 = 半径 × 半径 ×3.1416（m^2）

风速 = 面积各点的平均风速（m/s）

风量 = 风速 × 面积（m^3/s）

（6）气流知识

紊流是气体流动时的一种状态。当流速很小时，流体分层流动，互不混合，称为层流；逐渐增大流速，流体的流线开始出现波状的摆动，摆动的频率及振幅随流速的增大而增大，这种流况称为过渡流；当流速增大到一定程度时，流线不再清楚可辨，流场中有许多小漩涡，这种状态称为紊流。

项目四 Project 4

家用分体空调安装与试运转

项目概述

在现实安装过程中，存在如下高危险、影响机器性能发挥的错误安装行为。安装人员应持有相应的操作上岗证。

1）危险高空作业（图 2-35）。

2）错误的室内、外机配线施工（图 4-1 和图 4-2）。

3）不抽真空，影响系统效果。

4）排水管连接不当，导致漏水。

5）系统密封性不好，冷媒泄露。

图4-1　错误的配线施工（一）

图4-2　错误的配线施工（二）

任务1　家用分体空调安装

任务描述

通过安装家用分体空调，掌握家用分体空调的安装步骤与方法，了解其操作注意事项。

任务实施

1. 安装前确认事项

到用户家里安装前，需要确认一些细节，以免出现工具未带、材料不够、安装人员不足等情况，造成需要二次上门，浪费人工和时间。同时，确认好细节也可以给用户以信赖感，提升安装队伍的专业形象。具体事项见表 4-1。

表 4-1 安装前确认事项

序号	确认事项
1	居住楼层，是否住高层
2	是否配空调专用电源线路
3	空调专用插座的容量大小（10A？16A？20A？或其他）
4	如是 2HP 以上柜机，还需确认室外机电源线是否接到室外机侧；如为插座式连接，需确认插座容量大小
5	是否有室外机安装平台
6	室内、外机间的大致距离

空调配管管长，各品牌有所不同。以大金空调为例，分体机、多联机配管管长分别见表 4-2 和表 4-3。配管示意图分别如图 4-3 和图 4-4 所示。

表 4-2 分体机配管管长 （单位：m）

机型	最大配管长度 *L*	最大高低差 *H*
挂壁机≤1.5HP	15	10
柜机	30	20
FTXS46GV2C	30	20
FTXS46JV2C	30	20
FTXG50JV2C	30	20

表 4-3 多联机配管管长 （单位：m）

机型	单根配管长度 *B*	最大配管长度 *B*+*C*+*D*	最大高低差	
			室外机与室内机 *A*	室内机与室内机 *E*
3MXS80EV2C	25	60	15	7.5
4MXS100EV2C	25	70	15	7.5
PMXS3GV2C	25	50	15	7.5
PMXS4GV2C	25	70	15	7.5

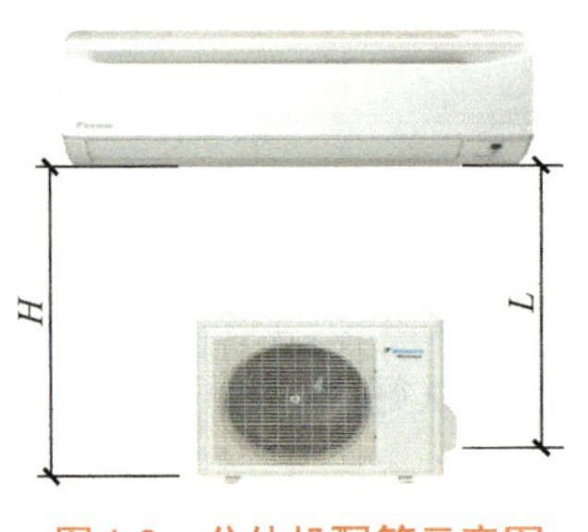

图4-3　分体机配管示意图

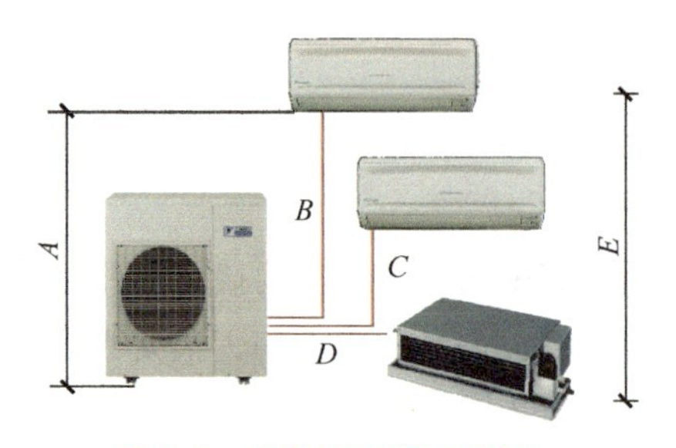

图4-4　多联机配管示意图

1）安装前的零部件确认（安装附件）。铜管（含保温材料、喇叭口螺母）如图4-5和图4-6所示，连接配线及线头如图4-7和图4-8所示，壁通管、壁通管盖、保温材料等如图4-9所示。

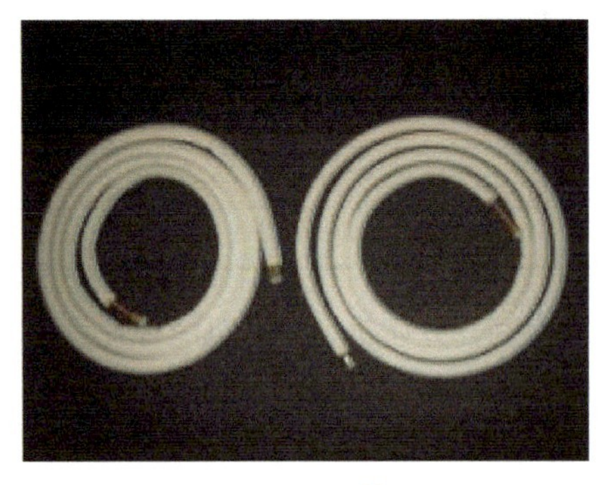

图4-5　铜管

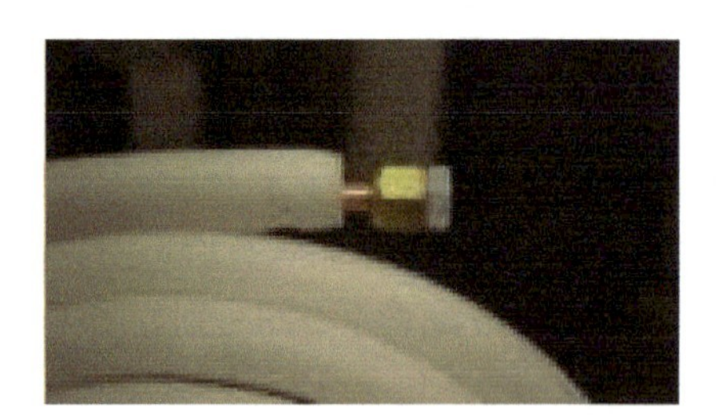

图4-6　喇叭口螺母

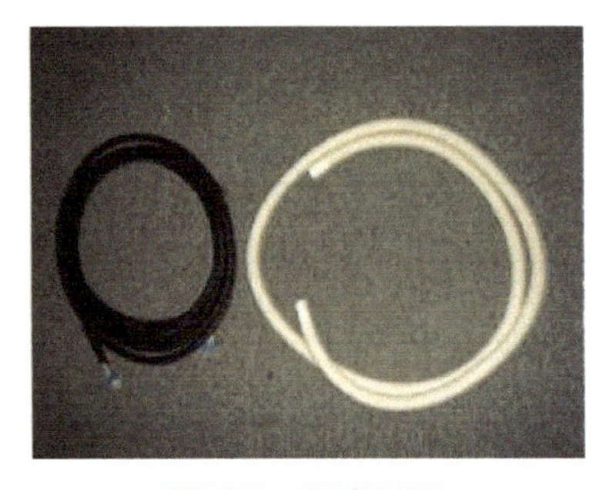

图4-7　连接配线

图4-8　线头

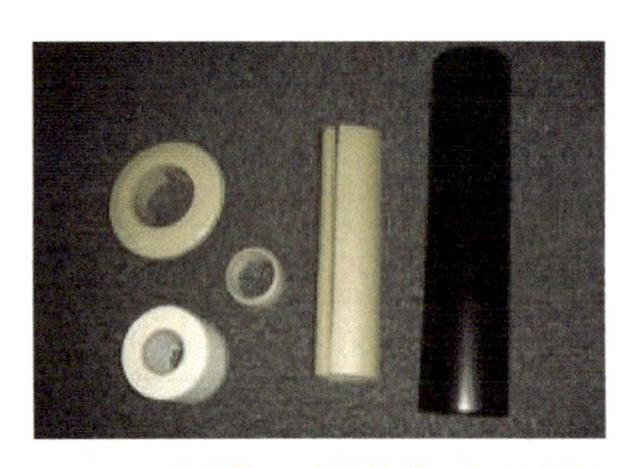

图4-9　壁通管、壁通管盖、保温材料

各品牌管线尺寸各不相同，大金管线尺寸详见表4-4。

表4-4　大金管线尺寸

型号	配管				保温套管				电线	
	气管		液管		气管		液管		室内外连接电线	电源线
	管径 /mm	长度 /m	管径 /mm	长度 /m	内径 /mm	长度 /m	内径 /mm	长度 /m	长度 /m	长度 /m
CKH234JA	9.5	4	6.4	4	12	3.95	8	3.95	5	—
CKH233L	9.5	3	6.4	3	12	2.95	8	2.95	4	—
CKH244JA	12.7	4	6.4	4	14	3.95	8	3.95	5	—
CKH243L	12.7	3	6.4	3	14	2.95	8	2.95	4	—
CKH255FA	15.9	5	6.4	5	18	4.95	8	4.95	6	6
CKH255KA	15.9	5	6.4	5	18	4.95	8	4.95	6	6
CKH245G44A	12.7	5	6.4	5	14	4.95	8	4.95	6	6
CKH355HA	15.9	5	9.5	5	18	4.95	12	4.95	6	6

2）一般安装工具确认。水平尺、力矩扳手、活动扳手、内六角扳手、螺钉旋具、斜口钳、尖嘴钳、卷尺、美工刀、扩口工具、弯管工具、冷冻油（R410a专用），如图4-10所示。

图4-10　一般安装工具

2. 室内机安装

（1）挂壁机

安装板应固定在能够承受室内机重量的墙上。

将安装板（图4-11）先放在墙上，在确保安装板保持水平后，再在墙上钻孔；用5个固定螺丝将安装板固定在安装面上，并保证承重无误。

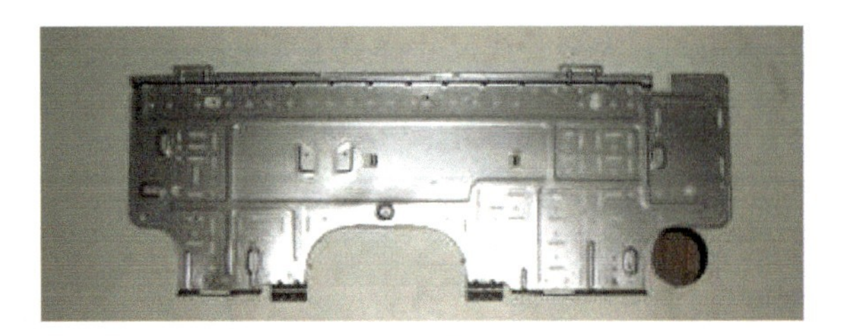

图4-11　安装板

钻孔施工要求如下。

① 与安装板要求的位置保持水平（图 4-12）或低于此位置。

② 开孔大小一般为 ϕ65mm（3HP 柜机 ϕ75mm）。

③ 开孔向室外侧倾斜，外口必须比内口低 5 ～ 10mm。

④ 开在边上的孔要稍低一点，以保证排水管达到 1：100 的坡度，便于冷凝水排放。

⑤ 开孔后，请在孔内放入保护套管和管盖（附属件）。

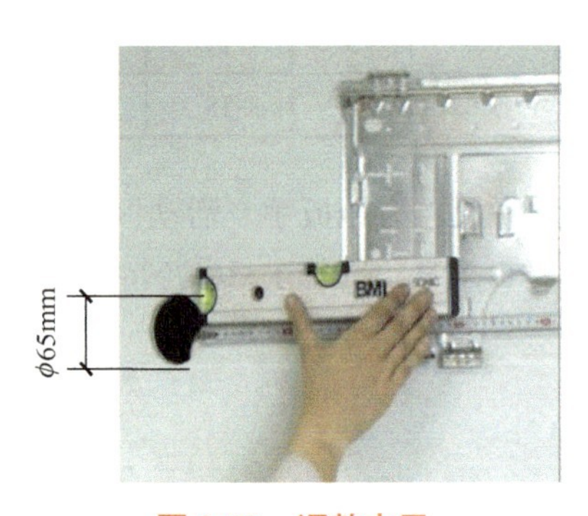

图4-12　调整水平

注意：

① 室内机出回风口周围不能有阻挡物，以免形成气流短路。

② 避免出风方向正对人经常停留的位置（如床、沙发等）。

（2）柜机

注意：出回风口周围不能有阻挡物，以免形成气流短路。

① 固定在房间墙壁时，用螺钉直接固定（图 4-13）。

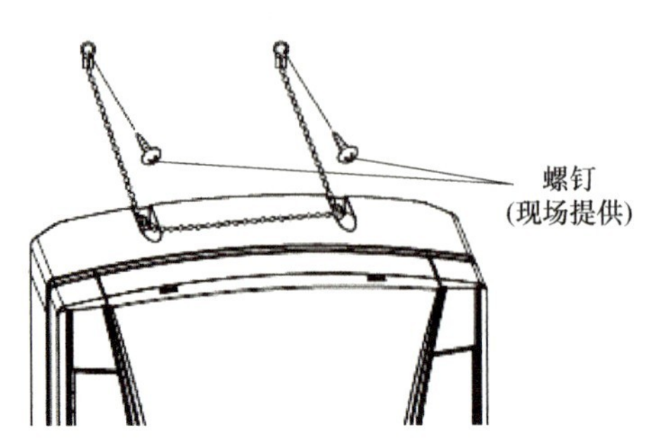

图4-13　固定在房间墙壁

② 放置在墙角或离开墙放置时，用设备附带的固定材料和现场提供的绳子通过螺钉固定在墙面上（图 4-14）。

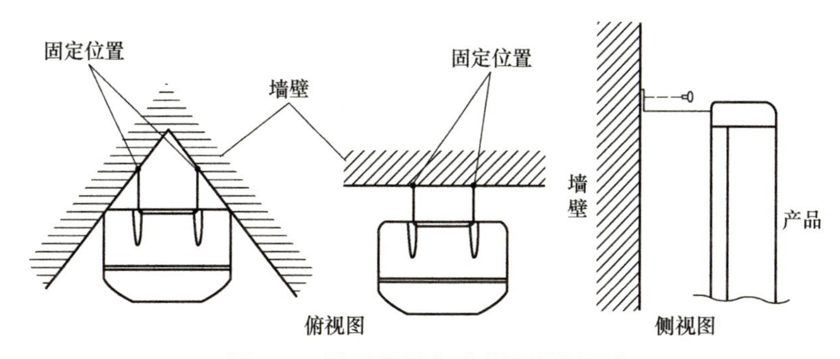

图4-14　放置在墙角或离开墙放置时

③ 底板用地脚螺钉直接固定（图 4-15）。

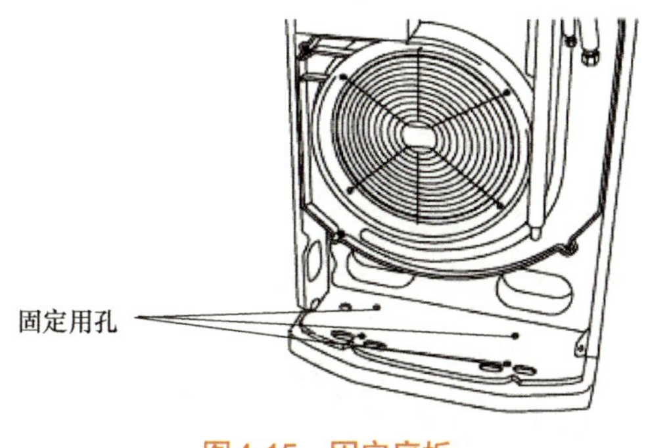

图4-15　固定底板

3. 配管施工

（1）配管排列方式

配管排列方式如图 4-16 所示。

① 如果排水管包在铜管上方，则可能导致排水不畅或积水倒流，因此应按照规范进行排列。

② 气管和液管、气管和电线不可以同时绝热，应对气管、液管分别进行保温作业。

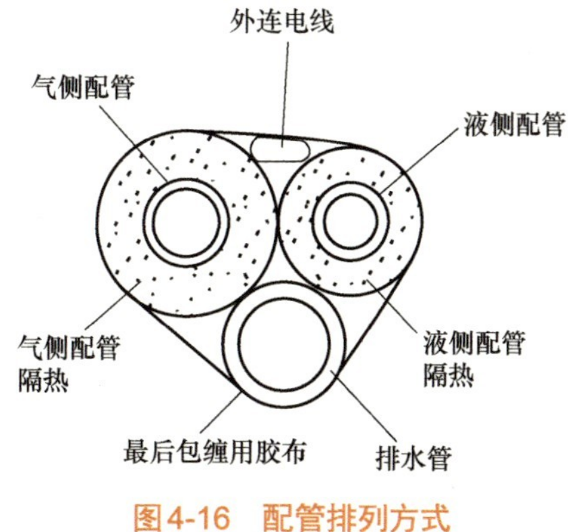

图4-16　配管排列方式

（2）配管包扎方式

配管包扎方式如图 4-17 和图 4-18 所示。

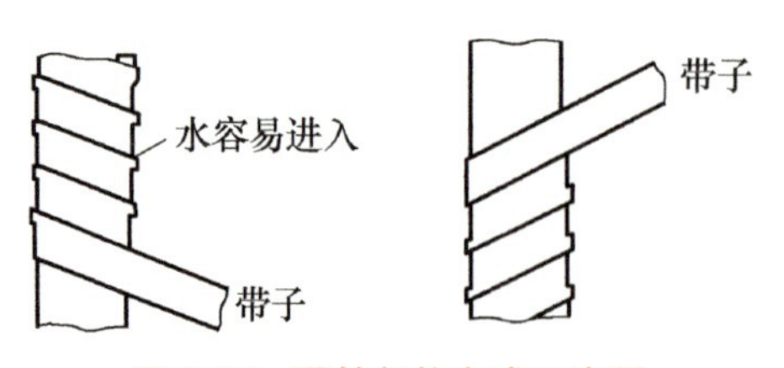

图 4-17　配管包扎方式示意图

注：升高的部分用带子由下往上卷垫。

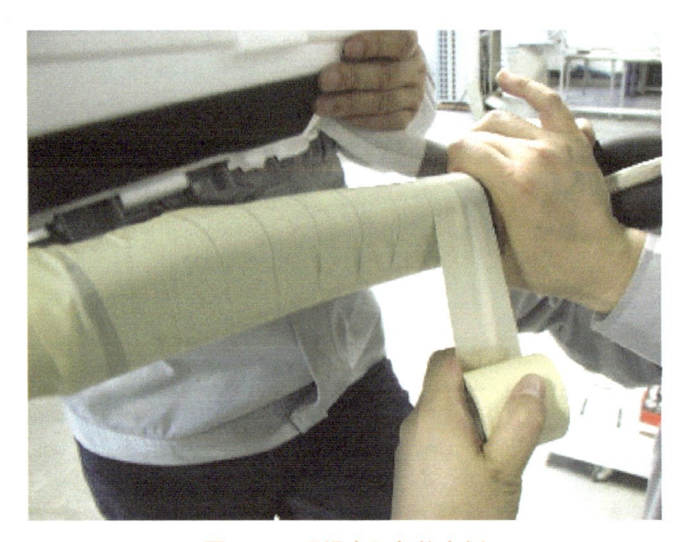

图 4-18　现场实际包扎案例

（3）配管穿墙作业

① 冷媒管及保温材料、排水管、电源线一起包扎好之后，再进行穿墙作业（图 4-19）。

② 穿墙之前，先将安装附件内的壁通管预埋入贯穿部位；进行穿墙作业时，应保持铜管管口密封，不可将管口敞开穿墙，防止异物进入（图 4-20）。配管穿过墙体的部分必须绝热，不可将铜管裸露在外（图 4-21）。

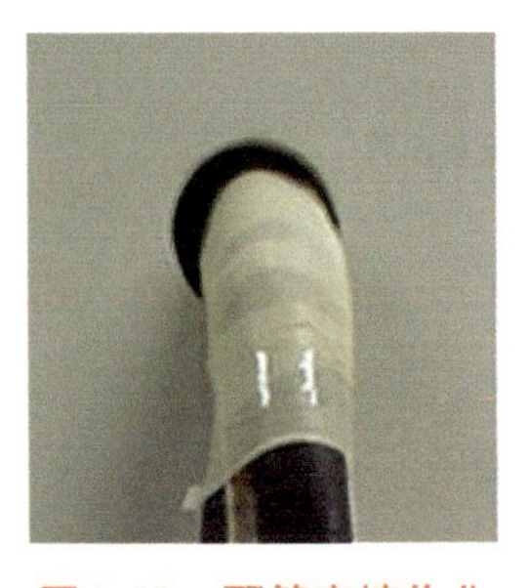

图 4-19　配管穿墙作业

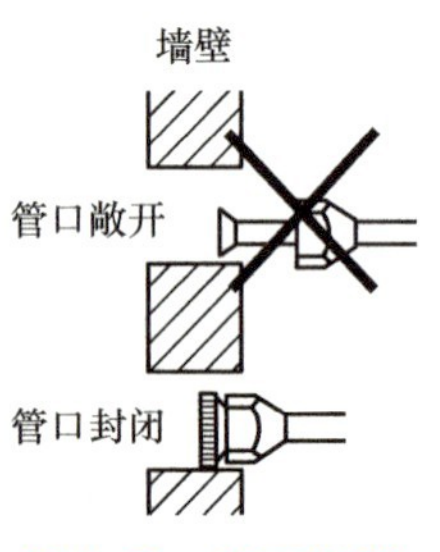

图 4-20　管口封闭

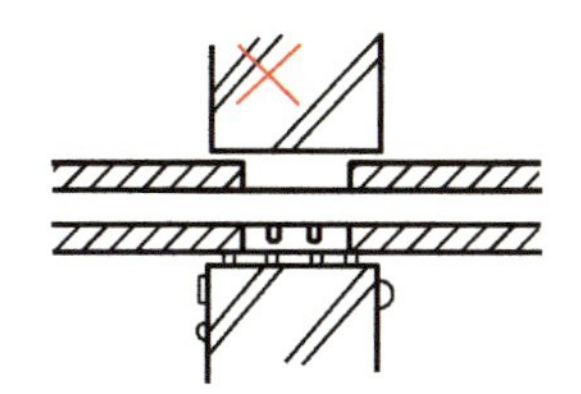
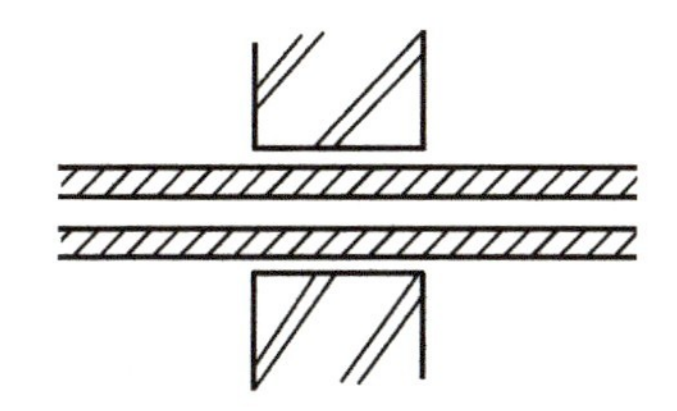

图4-21　配管绝热

（4）室内机冷媒配管的连接

对标准配管长度，在喇叭口内侧涂上与制冷剂相应的冷冻油，再将配管喇叭口对准室内机的管道连接部，先用手拧 3 ～ 4 下，然后使用力矩扳手将其拧紧。标准配管在出厂时已做好扩口加工。

注意：原厂喇叭口塑料封堵（图 4-22）必须在穿墙后，与室外机连接时再拆除，防止杂质进入管道。

① 接时先用手将扩口螺母拧上，注意手拧时一定要顺畅；如不顺畅可松开重拧，以防斜牙，如图 4-23 所示。

图4-22　喇叭口塑料封堵

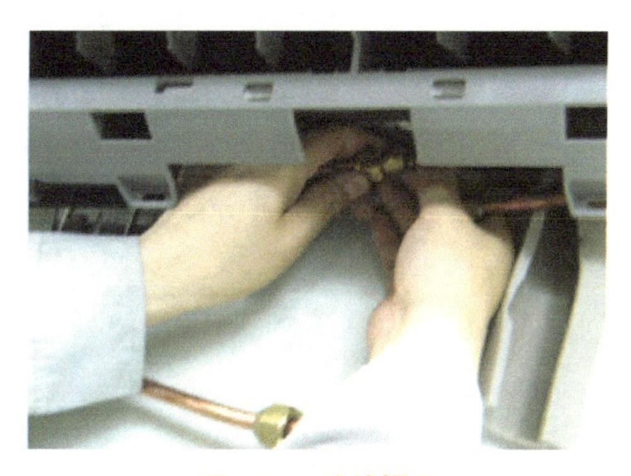

图4-23　连接螺母

② 使用力矩扳手和固定扳手拧紧，需向内用力拧紧，并防止喇叭口断裂或漏气。注意固定扳手用于固定，力矩扳手用于拧紧，如图 4-24 所示。

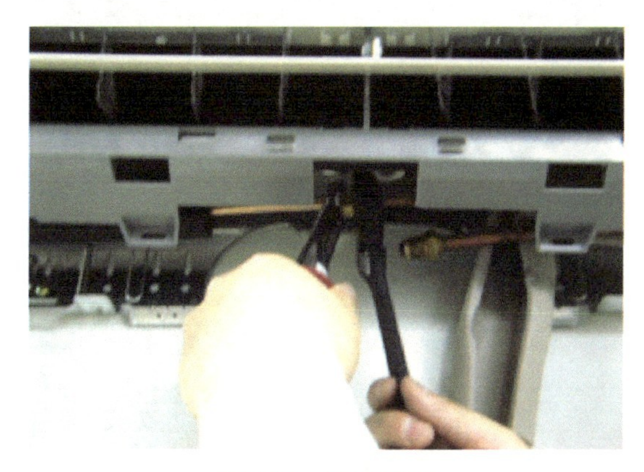

图4-24　固定拧紧

（5）扩口加工

扩口加工按图 4-25 ～ 图 4-28 所示进行。

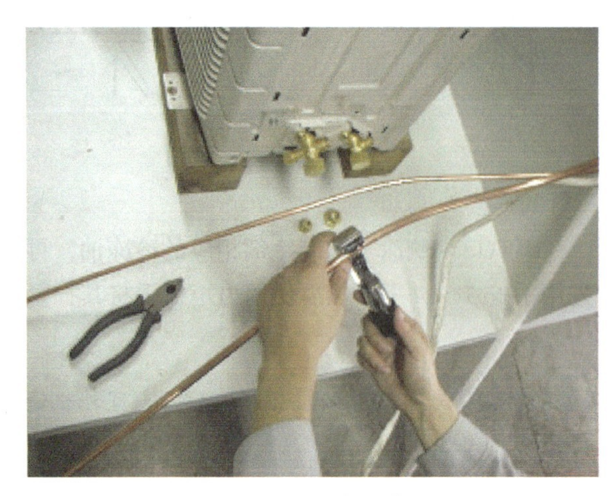

图4-25　切割铜管

图4-26　去毛刺

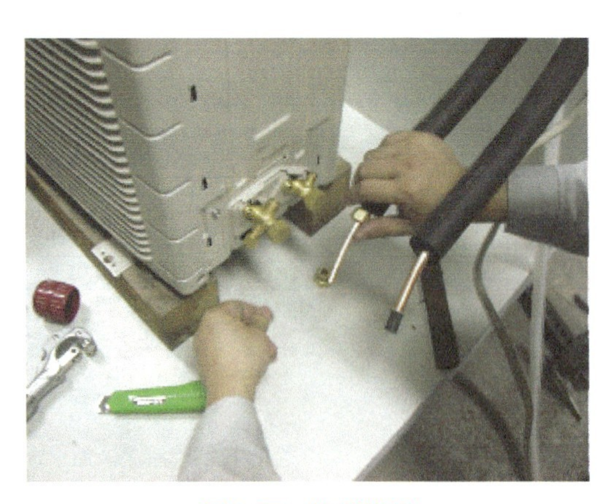

图4-27　放置螺母

图4-28　扩口

标准喇叭口如图 4-29 所示。

① 喇叭口为圆形，大小合适。

② 喇叭口厚度均衡。

③ 喇叭口内部无划痕，有光泽。

不良扩口如图 4-30 ～ 图 4-32 所示。

图4-29　标准喇叭口

图4-30　形状不圆

图4-31　厚度不均

图4-32　内有刮痕

（6）室内机配管保温

室内机配管保温按图 4-33 ～ 图 4-35 所示进行施工。在配管保温前，必须进行冷媒泄漏检查。配管保温可以防止铜管产生冷凝水。

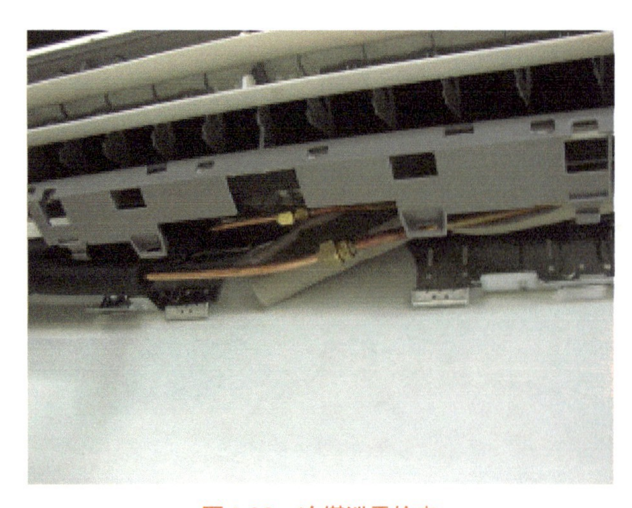

图4-33　冷媒泄露检查

图4-34　接缝朝上以免冷凝水泄漏

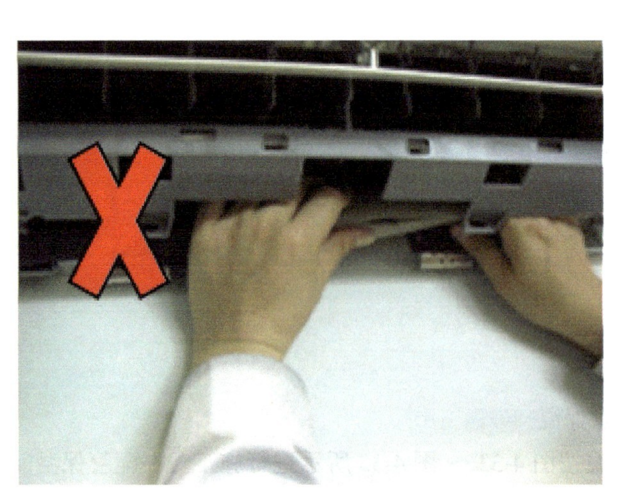

图4-35　保温开口不得朝下

（7）排水管的连接

① 排水管必须保持向下倾斜的坡度，不可倒坡（图 4-36）。

② 排水管的末端不可浸入水中（图 4-37）。

③ 需要延长排水管时，可使用当地出售的排水软管。室内一侧的排水管延长部分应进行隔热处理（图 4-38）。

接口处要保证室内机自带的水管口完全插入外接水管，并使两管的内外壁贴合紧密，外部可用绝缘胶带连接加固。注意排水管末端接入专用的排水通道（图 4-39）。

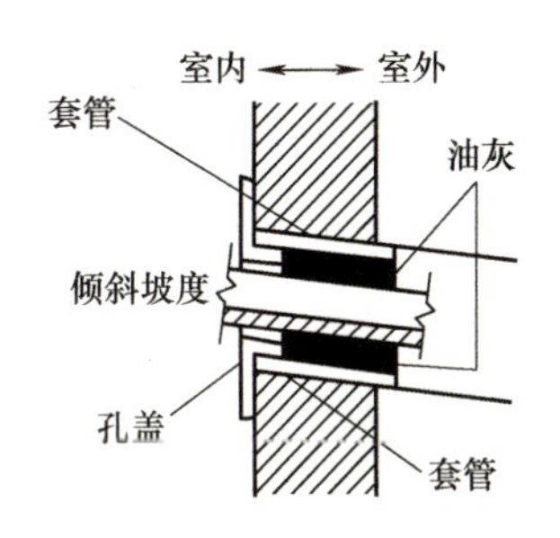

图 4-36　保持向下倾斜的坡度

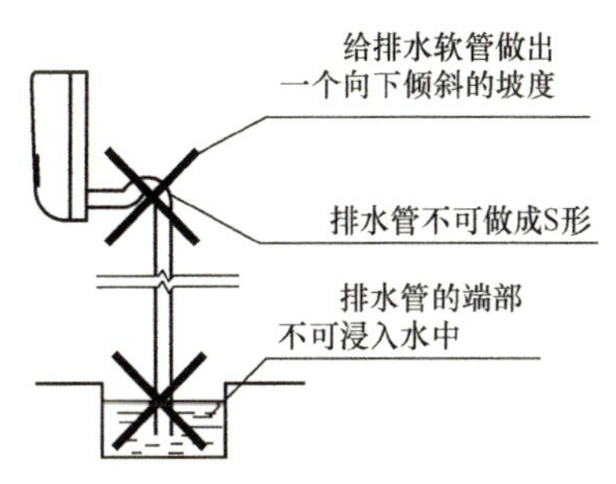

图 4-37　排水管连接注意事项

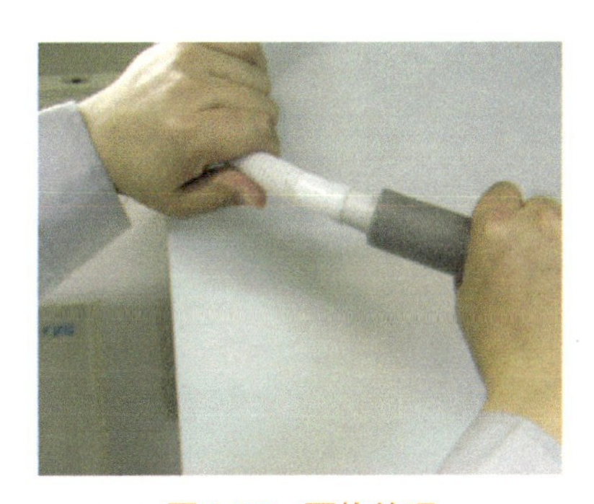

图 4-38　隔热处理

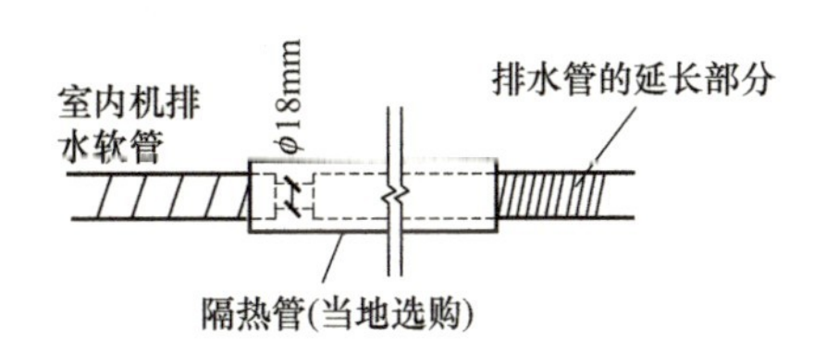

图 4-39　接口处连接

（8）室内机和安装板的固定方式

室内机和安装板应采用挂钩连接后再用螺丝固定，保证室内机与安装面紧密贴合，如图 4-40 所示。

4. 室外机安装

（1）室外机的安装空间

室外机的安装空间如图 4-41 ～ 图 4-43 所示，不同品牌之间可能有所区别，具体应根据安装说明书施工。

① 室外机吸风口需距墙 50mm 以上，建议留出至少 200mm 空间，方便日后保养和维修。

② 室外机侧面距墙需至少保证 50mm 以上，符合换热及保养维修要求。

③ 室外机上方需要 300mm 以上的空间，方便日后保养和维修。

a)

b)

c)

图4-40　室内机与挂板连接

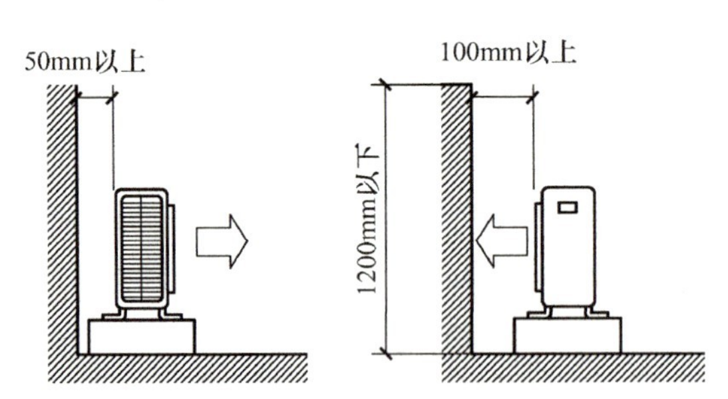

图4-41　室外机一面靠墙侧视图

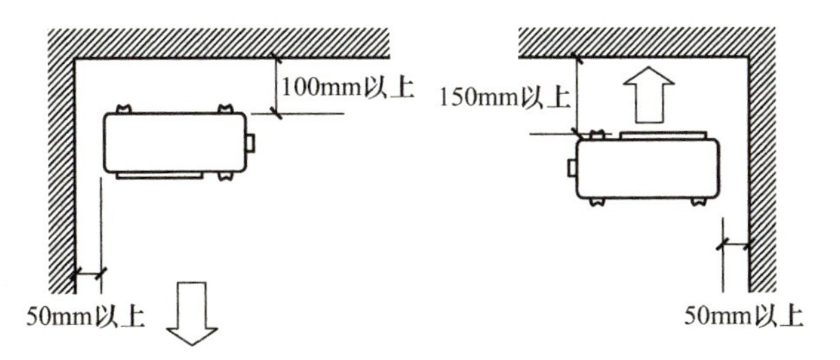

图4-42　室外机两面靠墙俯视图

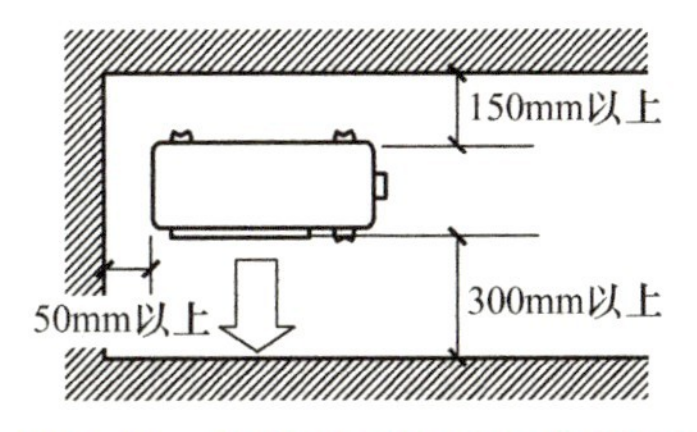

图4-43　室外机三面靠墙俯视图

（2）支架固定

支架固定如图 4-44 所示，注意事项如下。

① 支架必须牢固、水平，支架间距应符合室外机要求，且能承受室外机重量 4 倍以上。

② 应使用 4 套 M8 或 M10 的底座螺钉、螺帽和垫圈将室外机固定住。宜将螺钉拧至距离底座表面 20mm 左右。

（3）专用平台固定

专用平台固定的注意事项如下。

① 专用平台必须坚固、水平，并保持至少 100mm 高度，以便于室外机排水。

② 专用平台的宽度和间距应符合室外机的要求，具体数据参阅室外机安装说明书。

③ 应使用 4 套 M8 或 M10 的底座螺钉、螺帽和垫圈将室外机固定住。宜将螺钉拧至距离底座表面 20mm 左右。

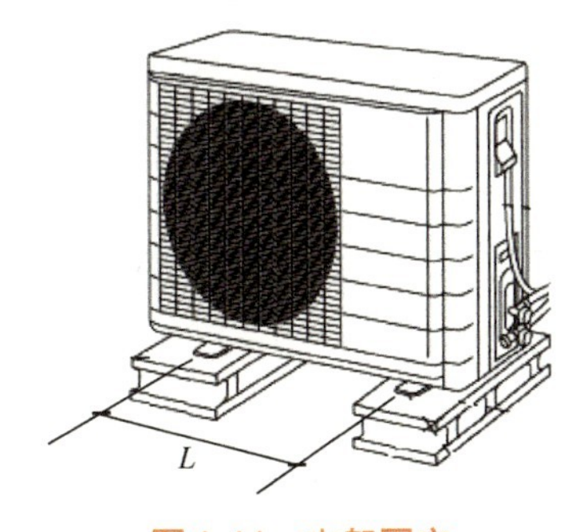

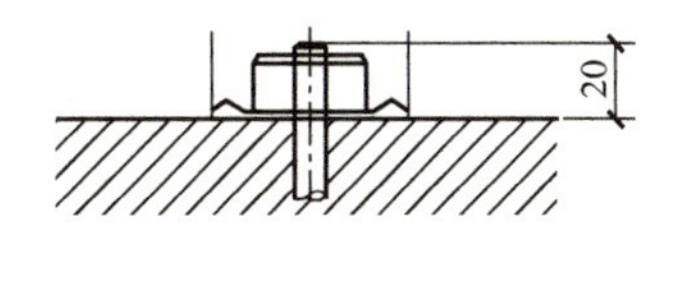

图4-44　支架固定

（4）室外机排水处理

室外机下面应保持 100mm 高度（图 4-45），以保证室外机排水，避免室外机的排水孔被机架或地面所堵。

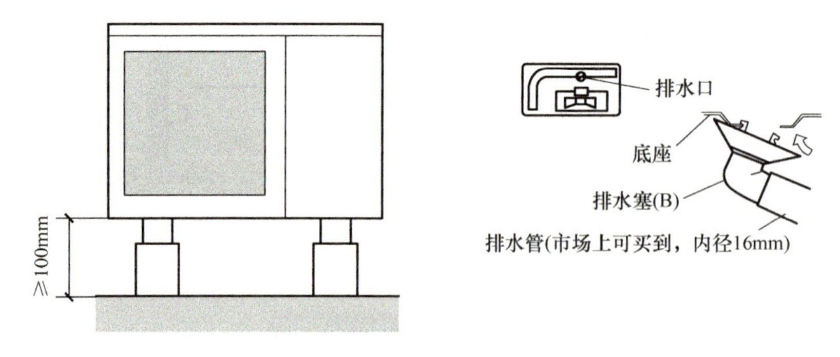

图4-45　室外机排水处理

室外机的排水口在外壳下方，应使用排水塞（热泵型室外机安装附件）连接排水口，然后将排水管连接到排水塞上。排水管应接入专用的排水通道。

注意：在寒冷地区，室外机的排水应采用自由排水。

5. 室外机铜管连接

（1）配管末端喇叭口的加工

① 使用割管器切断配管末端。

② 为了不使金属碎屑或异物进入配管，切断面朝下，去除毛刺。

③ 将喇叭口螺帽插入配管。

④ 进行配管末端喇叭口加工（图 4-46）。

⑤ 检查配管末端喇叭口加工是否合格。

⑥ 加工完成后对配管口进行保护，防止碎屑及水分进入。

（2）制冷配管的连接（图 4-47）。

① 为防止漏气，需在喇叭口的内侧涂上冷冻机油（需使用机器同型号冷冻油）。

② 将制冷配管连接部对准喇叭口的中心，先用手拧 3 ～ 4 下，然后用规定的力矩将其拧紧。

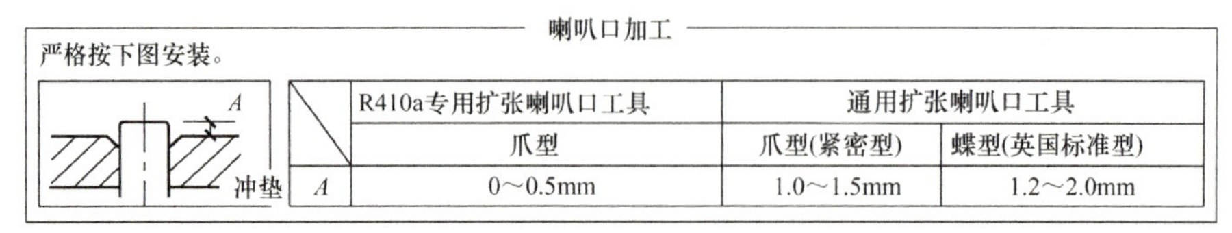
喇叭口加工

严格按下图安装。

	R410a专用扩张喇叭口工具	通用扩张喇叭口工具	
	爪型	爪型(紧密型)	蝶型(英国标准型)
A	0～0.5mm	1.0～1.5mm	1.2～2.0mm

图4-46　喇叭口扩口

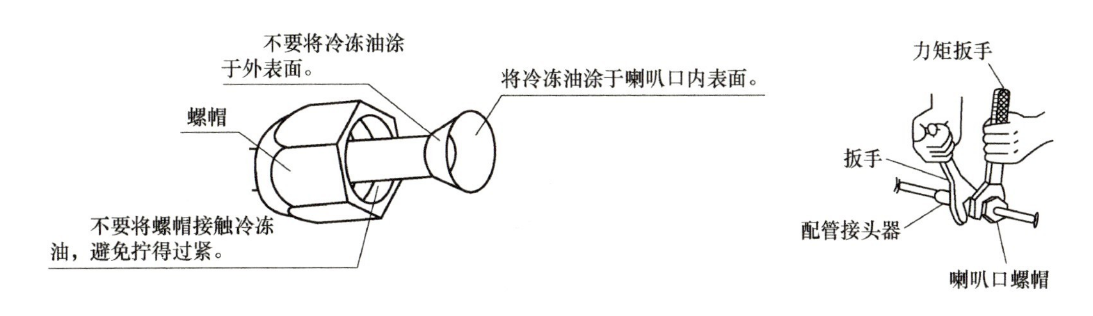

a) 涂油 b) 拧紧

图4-47 制冷配管的连接

③ 表 4-5 为安装喇叭口螺帽用力矩表，安装喇叭口螺帽如图 4-48 所示。

表 4-5 安装喇叭口螺帽用力矩表

安装喇叭口螺帽用力矩	
气侧	液侧
外径 3/8"	外径 1/4"
32.7 ～ 39.9N · m（333 ～ 407kgf · cm）	14.2 ～ 17.2N · m（144 ～ 175kgf · cm）

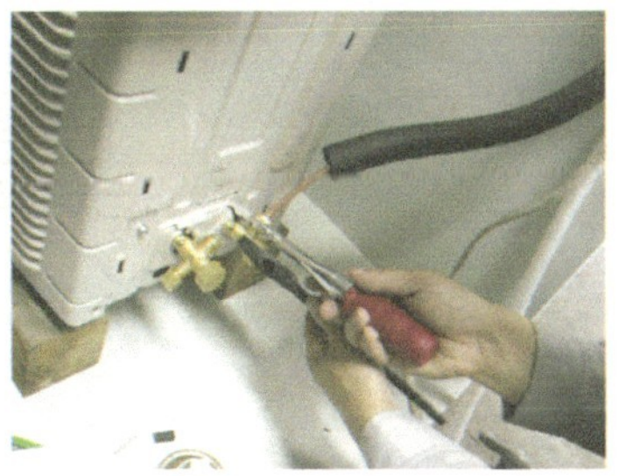

图4-48 安装喇叭口螺帽

（3）室内外机连接线

以挂壁机为例，室外机配线如图 4-49 所示。

系统由室内侧插座供电。配线施工前，应先确认电源安全断路器、漏电断路器是否符合技术要求。

① 电源线规格必须符合相应设备的要求，务必使用整根电线，禁止中途铰接；电源必须按国标要求接地。

② 室内外机之间的连接线有四根线（包括接地线在内）。

③ 使用接线端子连接电源线，接线端子应安装在平垫圈和螺钉之间，安装电源线完毕后检查压线，确保螺母紧固，如图 4-50 所示。

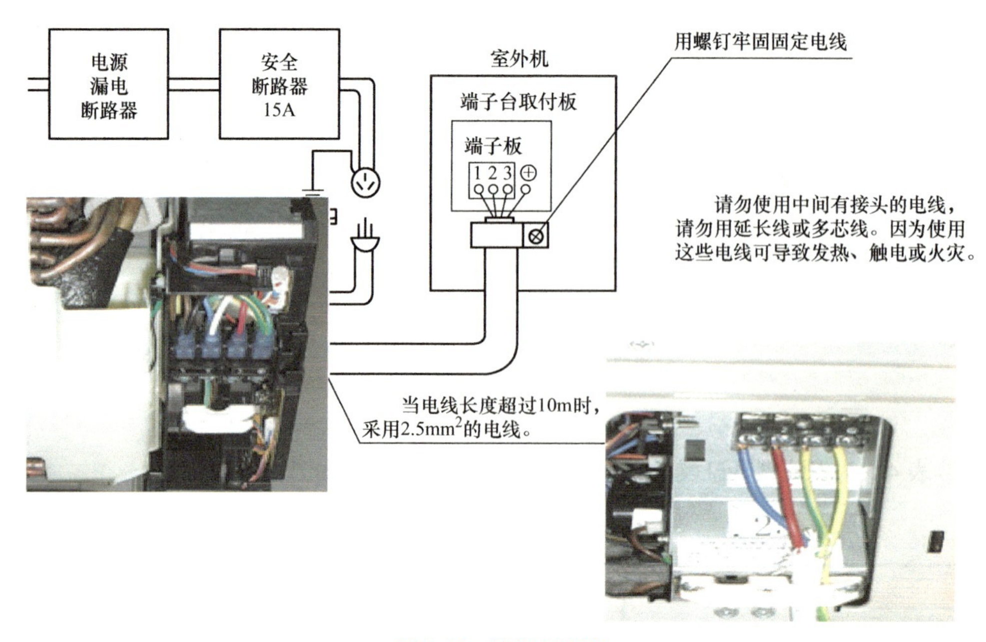

图4-49　室外机配线

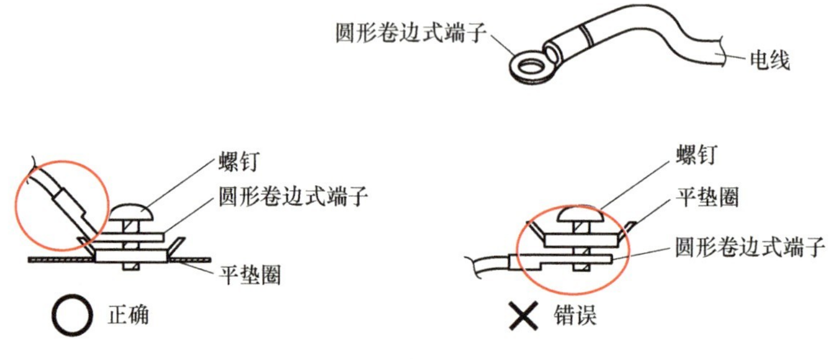

图4-50　接线端子图示

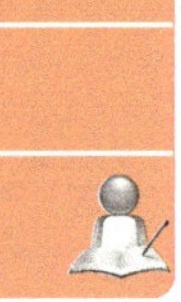

（4）真空干燥

1）真空干燥的操作要点。

① 真空干燥时先开真空泵。

② 真空泵运转以后再开双歧压力表的低压侧阀门，并保持高压侧阀门关闭。

③ 真空泵运转，确认压力表的压力下降到 –0.1MPa 或 –1kg/cm² 后真空泵继续运转 15 ～ 20min。

④ 关闭压力表低压侧阀门，松开连接真空泵的公用管后再关闭真空泵。

⑤ 放置一段时间 (5min 以上)，确认压力不回升即表示合格。

2）真空泵连接。

真空泵连接如图 4-51 所示。

① 低压表连接气管阀的维修口。

② 中间的共用管连接真空泵。

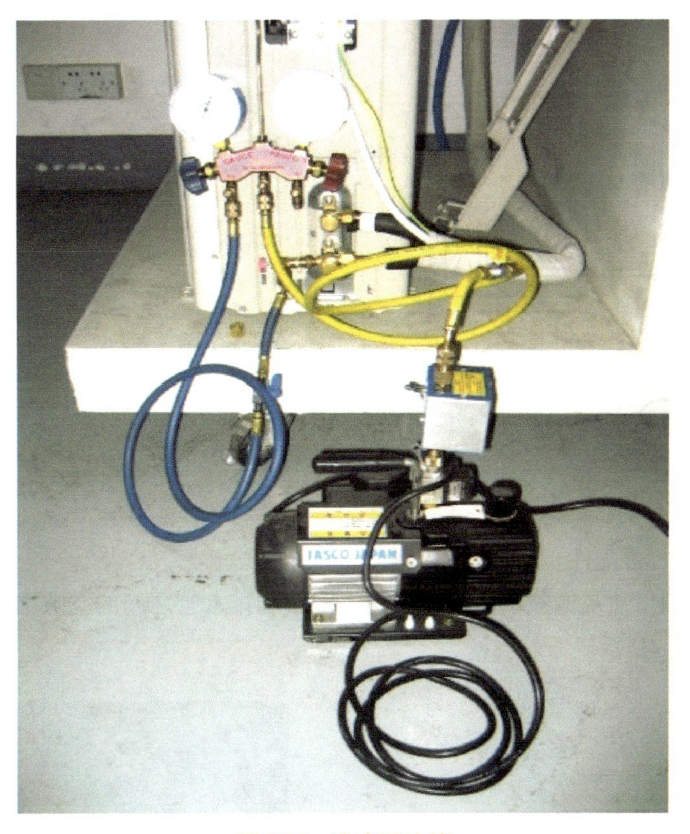

图4-51　真空泵连接

抽真空步骤如图4-52所示，系统抽真空的目的是排除铜管内的不凝性气体及水分。

a) 真空前的压力

b) 真空后的压力

c) 负压状态保持5min以上

图4-52　抽真空步骤

（5）气密性检查

① 打开液侧截止阀和气侧截止阀的阀盖（图4-53）。

② 用内六角扳手将液侧截止阀的阀芯打开，5s后关闭。用肥皂水蘸在铜管喇叭口和阀芯等处，检查是否泄漏。检查完毕后，擦干肥皂水。

③ 从气侧截止阀的维修口拆下充填软管，完全打开液侧截止阀和气侧截止阀。

④ 拧紧液侧截止阀和气侧截止阀的螺帽和维修口盖。

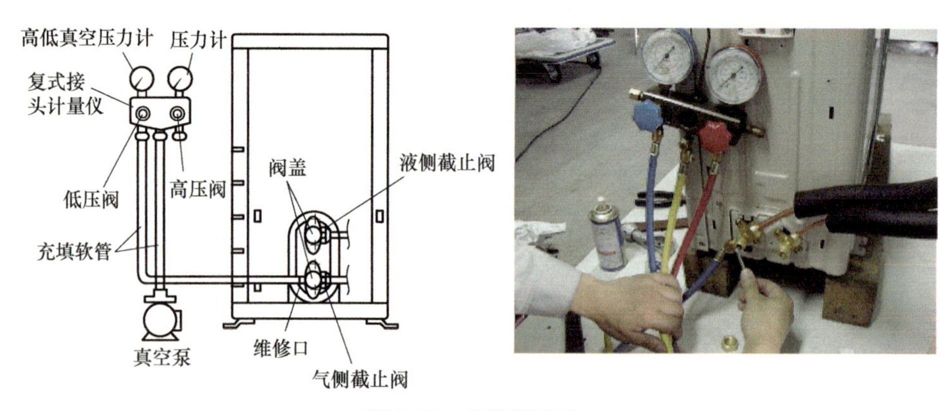

图4-53　气密性检查

6. 收尾施工——墙体贯穿部的密封处理

① 将孔盖（标准配件）安装在室内侧。

② 在室外侧用油灰或充填材料将配管、配线和排水管之间的空隙堵上。密封处理如图 4-54 ～ 图 4-56 所示。

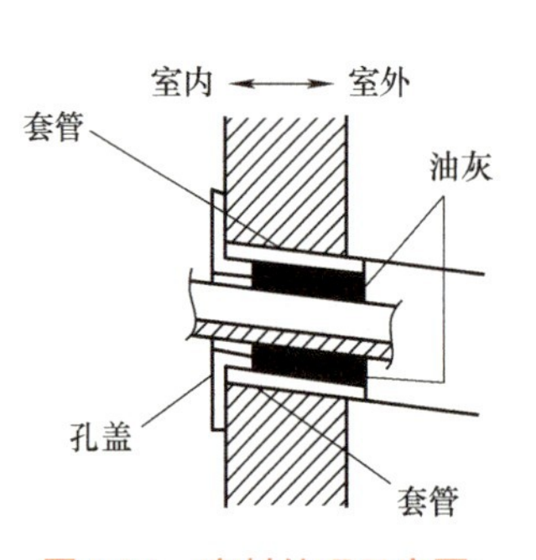

图4-54　密封处理示意图

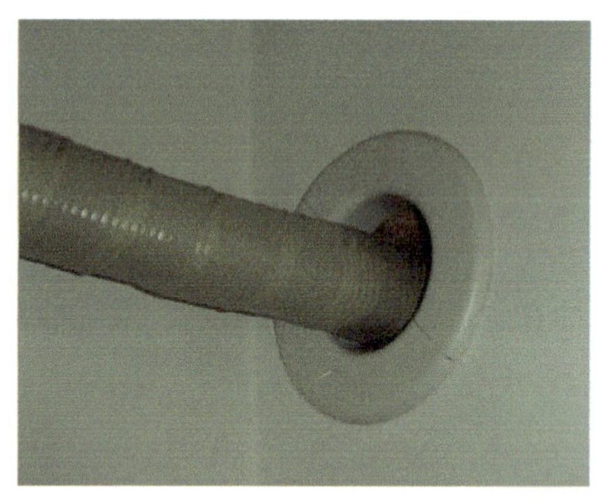

图4-55　密封处理

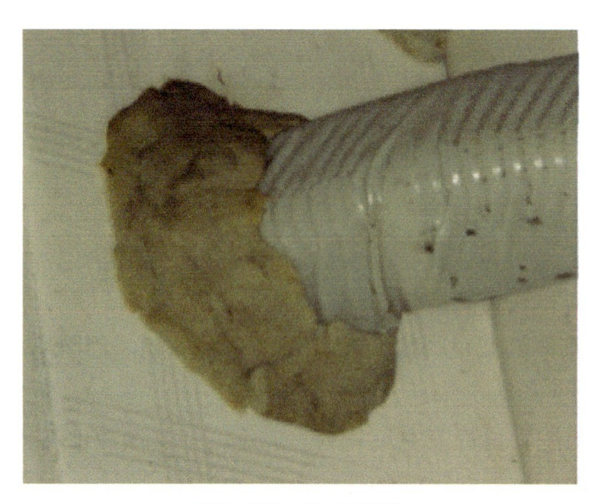

图4-56　堵上空隙

任务 2　家用分体空调试运转

任务描述

通过家用分体空调试运转，掌握家用分体空调的试运转步骤与方法，了解其操作注意事项。

任务实施

1. 试运转及确认

1）测定电源电压，以确认符合使用要求。

2）进行制冷制热的试运转。

① 测试制冷时，设定温度为最低温度。测试制热时，设定温度为最高温度。

② 试运转结束时，将温度调回到适合温度（制冷 26 ～ 28℃、制热 20 ～ 24℃）。

③ 为了保护机器，不要在停机 3min 之内再度开机。

3）按照使用安装说明书进行测试，以确保所有功能及部件正常运转。

① 空调机没有使用也会耗电。安装后，如用户不打算立即使用，为了避免浪费电力，应将空调电源插头拔掉。

② 在空调试运转时电源被中断，接通电源后空调机会自动回到断电前的状态运行。试运转阶段检查项目见表 4-6。

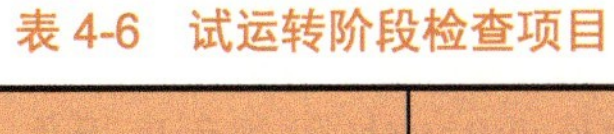

表 4-6　试运转阶段检查项目

检查项目	出现问题时（监控器表示故障诊断）	检查栏
室内机和室外机是否安装牢固	落下、震动和噪声	
是否已进行漏气检查	不冷或不热	
是否已严格进行隔热处理（气侧配管、液侧配管及室内机一侧排水软管的延长部分）	漏水	
排水管是否已安装就绪	漏水	
接地线是否已连接	漏电时危险	
电路是否按照说明书连接	不能运转或烧毁	
室内机和室外机空气的吸入口及出风口是否设置障碍物吗，截止阀开闭情况	不冷或不热	
无线遥控器是否可以接收信号	不能运转	

以 R410a 制冷剂为例，运转数据测试见表 4-7。

表 4-7 运转数据测试

项目	判断标准
电源电压	在额定电压的 ±10% 以内
运行电压	与电源电压相比无明显电压下降
总运行电流	在额定电流的 115% 以下
高压压力 (制热)	26 ～ 30kgf/cm^2
低压压力 (制冷)	7 ～ 10kgf/cm^2
室外进风温度	与室外环境温度偏差小于 5℃
压缩机排气管温度	70 ～ 85℃
室内机进出风温度差	制冷：10℃以上 制热：15℃以上

观察项目见表 4-8。

表 4-8 观察项目表

项目	判断标准
外观	目测是否有损坏
室内机运行	是否有异常震动和噪声，气流分布是否均匀
室内排水	是否漏水
室外机运行	是否有异常震动和噪声

2. 维修与报废

对制冷回路进行维修或其他作业时应按常规程序操作，同时应重点考虑制冷剂的可燃性，按照以下程序操作：清除制冷剂 → 用惰性气体净化管路 → 抽真空 → 再次用惰性气体净化管路 → 切割管路或进行焊接。

制冷剂应回收到合适的储罐中，系统应用无氧氮进行吹洗以确保安全，这一过程可能需要重复几次。此作业不得使用压缩空气或氧气进行。

吹洗过程在真空状态下向系统内充入无氧氮达到工作压力，然后将无氧氮排放到大气中，最后再将系统抽成真空。重复此过程直至系统中的制冷剂全部清除。最后一次充入无氧氮后，排放气体至大气压力，然后系统可以进行焊接。如进行管路焊接作业，上述操作是很有必要的。确保真空泵的出口附近没有任何点燃的火源并且通风良好。

（1）维修

1）如需进行产品维修，必须由有资质的人员进行，禁止无资质人员进行产品维修。

2）维修时必须严格按照国家规定和产品使用说明进行操作。

（2）报废

在报废前，技术人员应该熟悉设备的特性，推荐采用安全回收制冷剂的做法。如需对回收的制冷剂进行再利用，进行作业之前，应对制冷剂和油的样本进行分析。测试之前应保证得到所需的电源。

1）熟悉设备和操作。

2）断开电源。

3）在进行报废前确保以下几点。

① 如需要，机械操作设备应便于对制冷剂储罐进行操作。

② 人身保护器具有效，并且能够正确使用。

③ 整个回收过程要在有资质的人员指导下进行。

④ 回收设备和储罐应符合相应的标准。

4）如可能，应对制冷系统抽真空。

5）如达不到真空状态，应从多处进行抽取，以抽出系统各部分的制冷剂。

6）在开始回收之前应确保储罐的容量足够。

7）按照制造商的操作说明启动和操作回收设备。

8）不要将储罐装得过满（液体注入量不超过 80% 的储罐容积）。

9）即使是持续短时间，也不得超过储罐的最大工作压力。

10）在储罐灌装完成以及作业结束后，要确保将储罐和设备迅速移走，并且设备上所有截止阀均已关闭。

11）回收的制冷剂在经过净化和检验前不得注入另一制冷系统。

3. 相关事项的确认

（1）节能小常识

① 将温度设定在合适的温度范围内可以节能降耗：制冷时，26 ～ 28℃；制热时，20 ～ 22℃。

夏季设置温度高 1℃，冬季制热温度设置低 2℃，可节电 12% 以上。

② 空气滤网如果有网眼等堵塞时会降低运转的效果，而且浪费电力。以大金家用分体空调为例，其“UP —钛”光催化过滤网大约每隔 6 个月应清扫一次。可先用吸尘器吸去灰尘，再用清水或加入适量中性洗涤剂清洗后于阴凉处晾干。不要使用 40℃以上的热水、汽油、稀释剂等挥发性的清洗剂，勿用拧的方式来挤干过滤网中的水分。

③ 安装厚质浅色的窗帘或者百叶窗，挡住阳光和室外的空气，制冷或制热的效果会更好。

④ 空调机如果处于通电状态时，不运转也要消耗 15 ～ 40W/h 电。因此不使用空调的季节，应拔下电源或将断路器断开。

（2）遥控器功能说明

机种不同，遥控器的形式及功能也有所不同。下面以大金空调为例说明。

① “舒适气流”键，根据暖（冷）风气流特点自动调节送风挡板的角度，如图 4-57 所示。

图4-57 “舒适气流”键

②“运转模式”键，有“自动”“除湿”“制冷”“制热”“送风”5种可供选择，如图4-58所示。

图4-58 “运转模式”键

③“风量”键，共有5档风量，以及静音、自动，共计7种模式可供选择，如图4-59所示。

图4-59 “风量”键

④“强力运转”键，能在20min内提高制冷（热）能力，使房间快速变冷（热），如图4-60所示。

图4-60 “强力运转”键

⑤“摆动”键，选择水平活页摆动，气流均匀分配，如图4-61所示。

图4-61 “摆动”键

⑥“省电运转”键，可以降低最大耗电量，如图 4-62 所示。

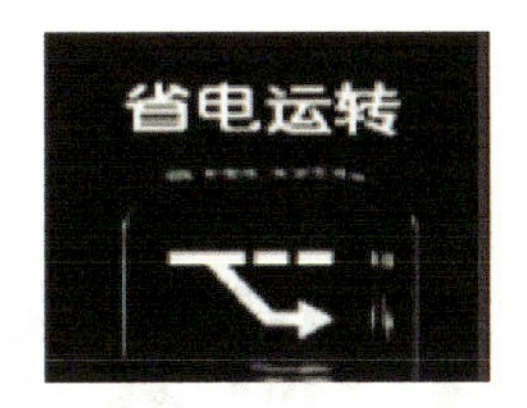

图4-62 “省电运转”键

⑦定时功能设定键，可三键设定实现定时开、关机，如图 4-63 所示。

图4-63 定时功能设定键

项目五 Project 5

家用多联机空调安装与试运转

相对于传统的家用分体空调，家用多联机空调由于其节能、方便、美观、控制灵活等优点成为越来越多家庭的选择。它兼有大型中央空调和分体空调的优点，能同时满足各种户型以及多个房间的需要。本项目主要介绍家用多联机空调的概念、安装步骤、试运转等内容。

任务1　了解家用多联机空调

任务描述

掌握多联机空调的定义、特点以及发展趋势。

相关知识链接

1. 多联机空调的概念

多联机空调（图5-1），亦称变冷媒流量多联式空调系统，由一台室外机连接数台不同或相同型式、容量的直接蒸发式室内机，构成一套单一制冷（热）循环空调系统，简称为VRF（图5-2）。

图5-1　多联机空调

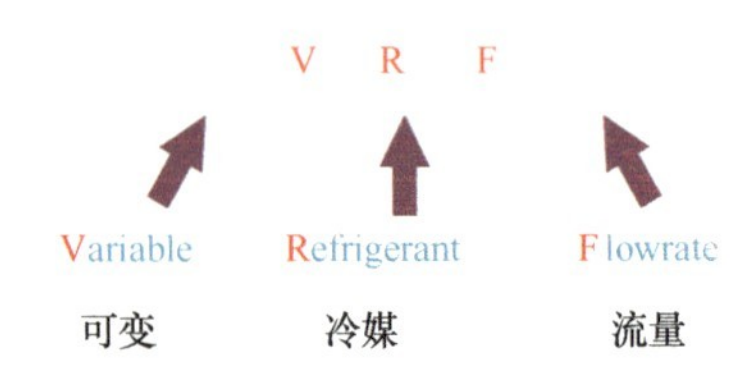

图5-2　多联机名称来源

2. 多联机的特点

（1）省能源

① 单个控制，只运转必要空间。

② 减小传送动力，即泵、风扇动力。

③ 压缩机容量控制，与室内机运转相符的压缩机运转。

（2）省资源、省工事

① 减少配管，有效利用配管空间。

② 减少辅助设备（泵、风扇数量减少）。

③ 风冷化，无需空调房和热源机辅助设备。

（3）省设计

① 模块设计，按照建筑规模灵活设计。

② 内含控制，缩短计算设计时间。

③ 嵌入式，简化风管设计。

多联机是采用一次换热方式的直接蒸发式空调系统，即冷媒在室外机经压缩后，直接通过室内机与室内侧空气进行热交换，因此系统更节能、高效。传统中央空调系统与多联机系统对比如图 5-3 所示。

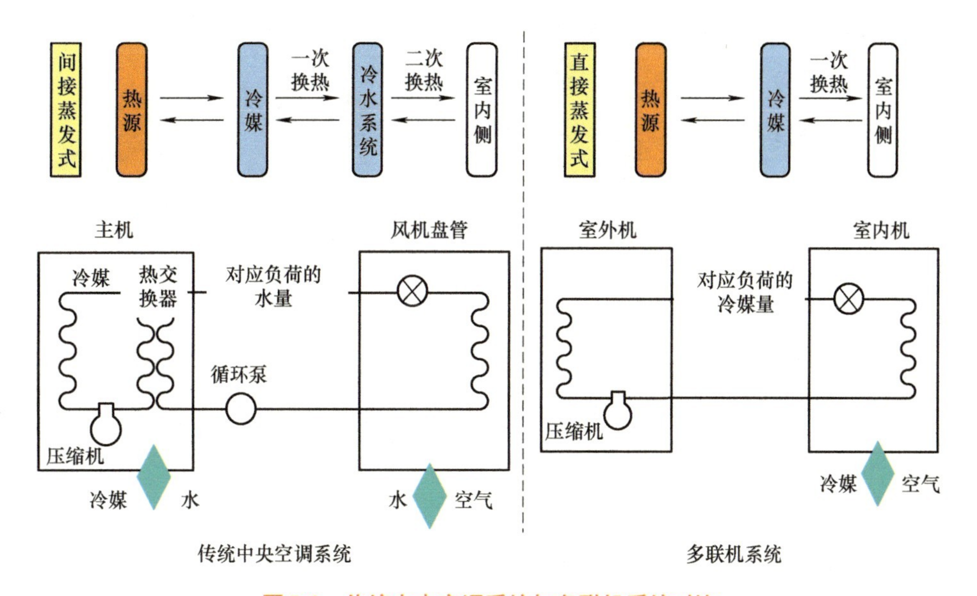

图 5-3 传统中央空调系统与多联机系统对比

制冷剂变流量调节技术如图 5-4 所示。

多联机的发展趋势如图 5-5 所示。

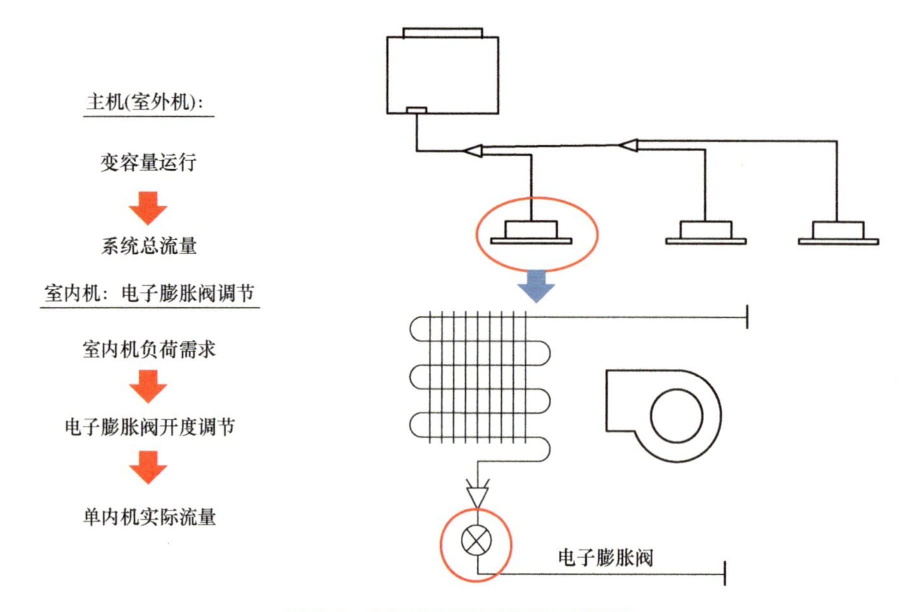

图 5-4　制冷剂变流量调节示意图

图 5-5　多联机发展趋势

任务 2　家用多联机空调安装

任务描述

通过家用多联机空调安装，掌握家用多联机空调的安装步骤与方法。

任务实施

施工流程及安装注意要点如图 5-6 所示。

1. 三管制配管走向布局

（1）三管制配管（图 5-7）走向布局注意事项

① 确认好各类型室内机的位置及安装空间 (标示出三管制室内机)。

② 管路施工图中标示清楚中间配管的根数、类型及管径。

③ 事先协调好配管穿墙位置及穿墙孔的数量和大小。

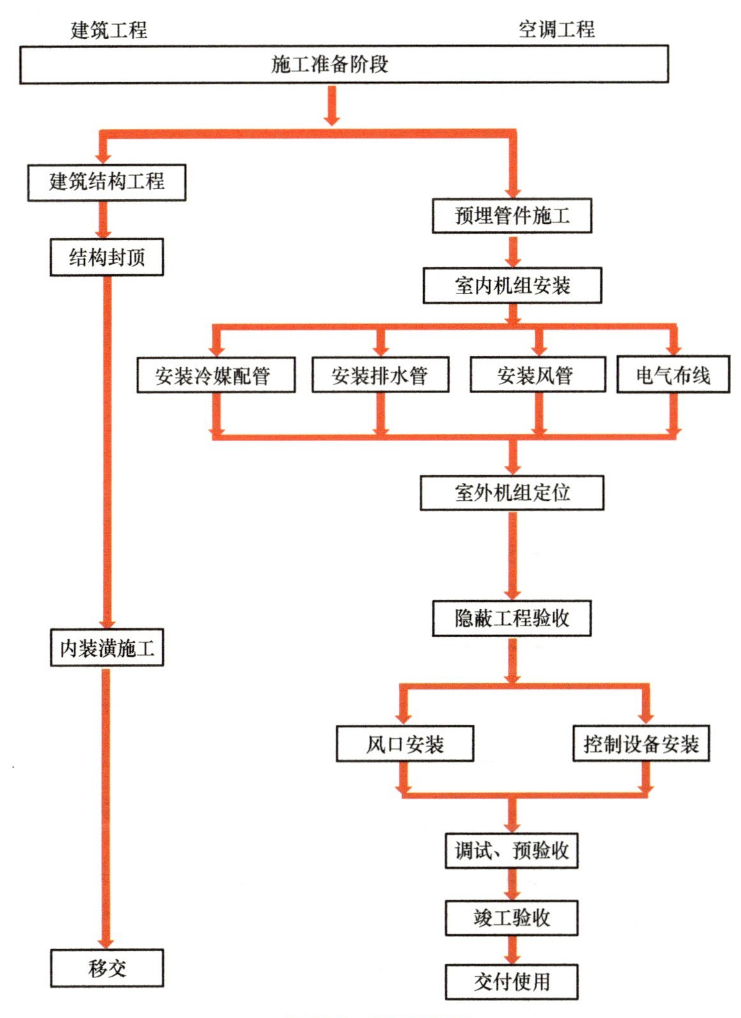

图5-6 施工流程

（2）施工图确认

施工图反映了空调安装工程的整体情况，是工程施工、工料投入、竣工验收和交付使用的重要依据。多联机系统施工之前，应熟悉空调工程施工图样（主要是平面布置图、空调系统图和控制系统图）。确认内容如下。

① 室内外机组的型号、安装位置和组合方式。

② 各种管道线路的走向和规格。

③ 主要控制选配件的型号和布置。

（3）制冷剂配管设计

多联机系统的配管管径和管道配件等应按产品技术要求选用。

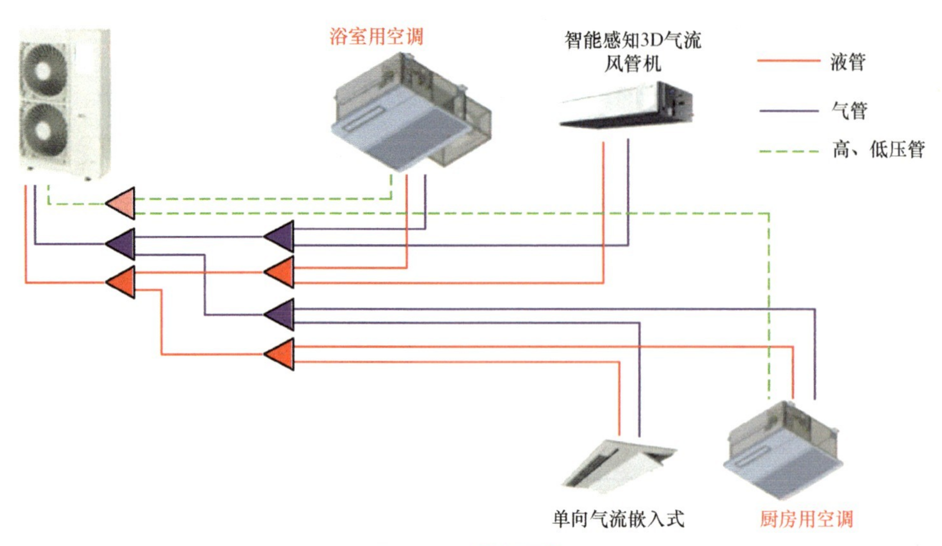

图 5-7　三管制配管

多联机系统的配管应采用铜管，其材质、规格应符合 GB/T 1527 和 GB/T 17791 的要求。配管的最小壁厚名义值见表 5-1。

表 5-1　铜管规格要求　（单位：mm）

铜管外径 *A*	6≤ *A* ≤16	16< *A* ≤29	29< *A* ≤33	33< *A* ≤37	37< *A* ≤40	40< *A* ≤45
最小壁厚	0.8	1.0	1.1	1.3	1.4	1.5

在确定多联机系统室内、外机组之间的连接管管径时，应遵循以下原则。

① 室外机组与分歧管（或集支管）之间：与室外机组制冷剂管道接口尺寸相同。

② 分歧管（或集支管）与室内机组之间：与室内机组管道接口尺寸相同。

③ 分歧管与分歧管之间：取决于其后所连接的所有室内机组的总容量。

④ 当需要增大连接管管径时，应按产品制造商的技术文件执行。

2. 室内机安装

（1）室内机的吊顶空间

室内机顶部距吊顶应保证 20mm 以上，回风侧距墙体至少保证 400mm，如图 5-8 所示。

（2）室内机的检修口尺寸

室内机电气部件盒侧距墙应至少保证 300mm 以上，检修口应不小于 450×450；如检修口与回风口共用，应在回风口原有长度的基础上在电气盒侧加长 300mm。检修口尺寸如图 5-9 所示。

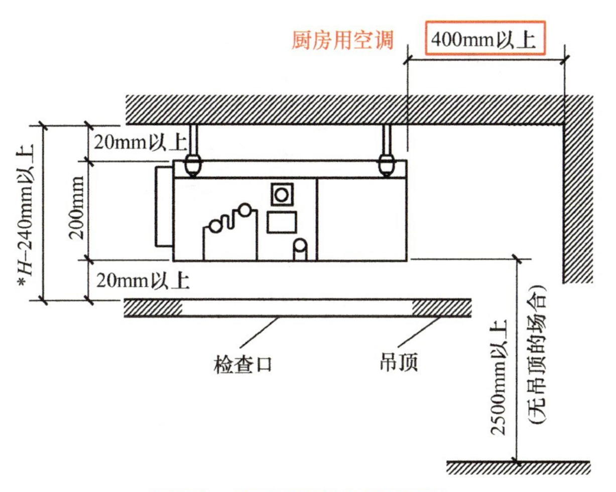

图5-8 室内机吊顶空间要求

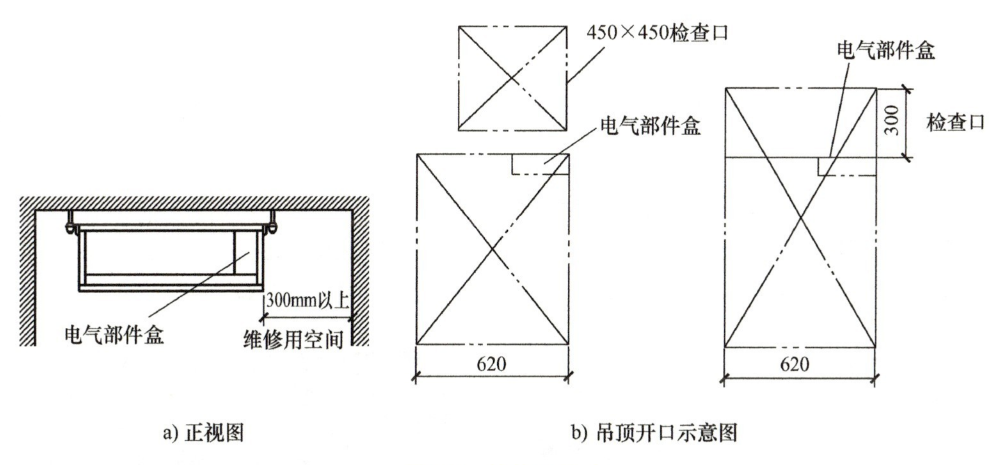

图5-9 检修口尺寸

（3）室内机安装步骤（图5-10）

① 确定室内机的回风方式，室内机出厂时为后部回风，如要改为底部回风，需调整安装回风口处箱盖的位置。

② 设备定位，确定室内机吊杆的位置，安装室内机的吊杆。

③ 吊装室内机。

④ 用水平尺调整室内机的水平度。

⑤ 旋紧室内机吊杆上的安装螺母，注意吊杆下方需双螺母紧固。

注意：双螺母是在采用螺纹紧固时使用两个螺母进行固定的方法，通过利用两个螺母之间的摩擦力、螺母和螺纹之间的摩擦力，使后面一个螺母阻止前面一个螺母松动的紧固方式。

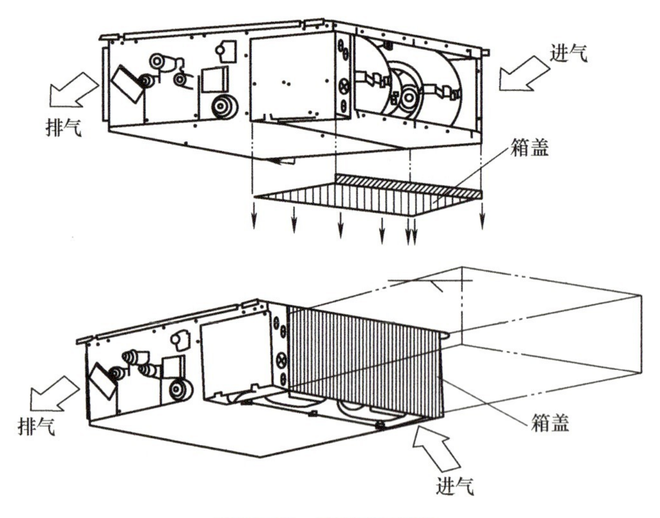

图5-10　室内机安装

3. 配管安装

在安装冷媒配管时，必须确认各管道的类型和尺寸，避免出现混接或交叉连接（图5-11和图5-12）。

① 建议用不同颜色标识各配管，并单根吊装配管，以便区分，防止接错。

② 现场加工时，应将图纸上同一段管路的几根配管捆扎在一起。

③ 注意配管的布局，尤其是分歧管处配管的走向应做到合理美观。

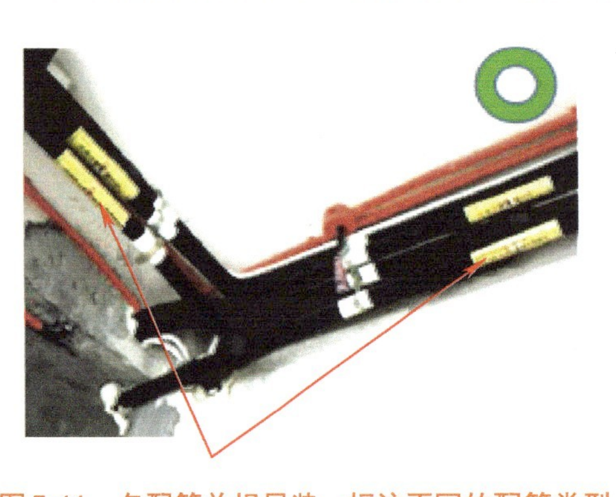

图5-11　各配管单根吊装，标注不同的配管类型

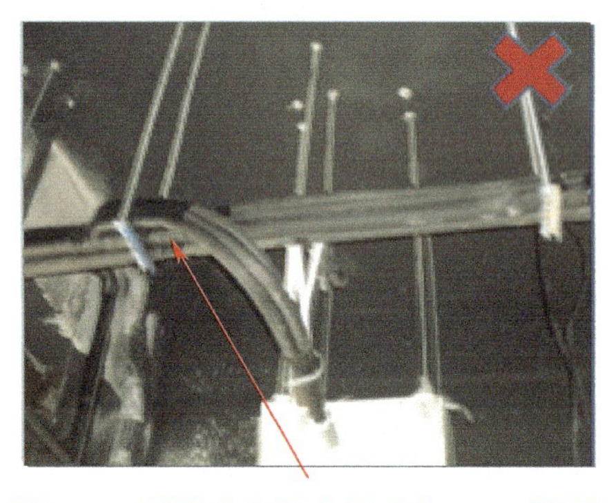

图5-12　配管走向不合理（有180°折弯）

4. 贯穿部施工

贯穿部施工前，应先与业主和物业方协调好配管贯穿部的位置、尺寸和数量，如图5-13所示。

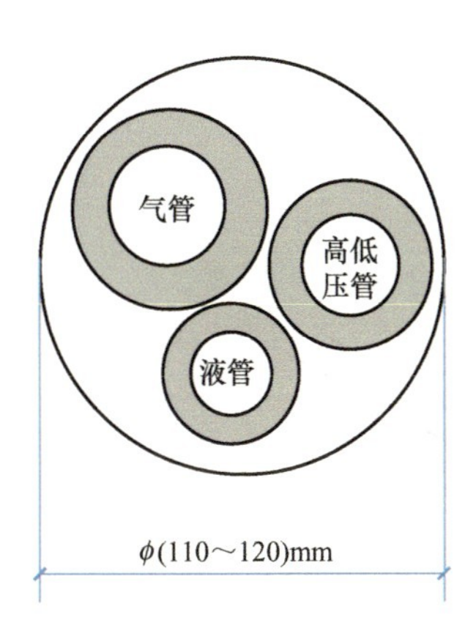

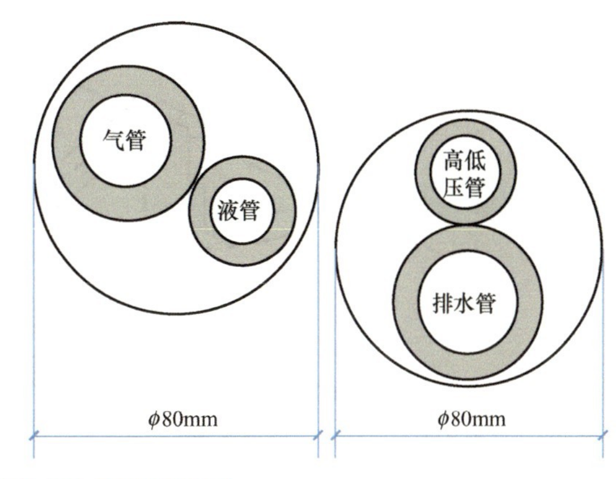

图 5-13 贯穿部尺寸

① 冷媒管单孔布置，建议贯穿部尺寸为：ϕ（110 ～ 120）mm。

② 冷媒管双孔上下错位布置，建议贯穿部尺寸为：ϕ80mm。

以上数据仅供参考，必须根据现场实际情况进行确认。

5. 冷凝水管施工

室内机组的空调冷凝水管应合理布置，遵循“就近排放”原则，将冷凝水排至卫生间、厨房等有地漏的地方，或直接排至室外。同一冷凝水管连接的室内机组数量应尽量减少，汇流时保证冷凝水自上而下汇流进入集中排水管。

冷凝水管的管材宜采用硬质塑料管或热镀锌钢管。

冷凝水管应独立配置，与其他建筑水管分开布置，并缩短其长度。冷凝水管的横管应沿水流方向设置坡度，坡度不宜小于 8%。冷凝水管的管径选择可参见表 5-2。

表 5-2 空调冷凝水管管径

公称直径*DN*/mm	15	20	25	32	40	50
空调冷负荷Q/kW	不推荐	<10	11 ～ 42	43 ～ 230	231 ～ 400	401 ～ 1100

注意：当横管坡度小于 8％时，管径放大一档。

带有提升水泵的机组进行冷凝水管施工时，可按图 5-14 进行作业。

（1）冷凝排水管施工

为保证排水顺畅，应进行排水管道配管施工。排水软管的直径应大于或等于连接管的直径。（聚乙烯管：尺寸 25mm；外径 32mm）。排水软管要短，下降坡度至少 1%（图 5-15），以防形成气袋。

1）若无法使排水软管有足够的坡度，则应安装排水提升管。

2）为使排水软管不打弯，吊架之间应保持 1 ～ 1.5m 的距离。

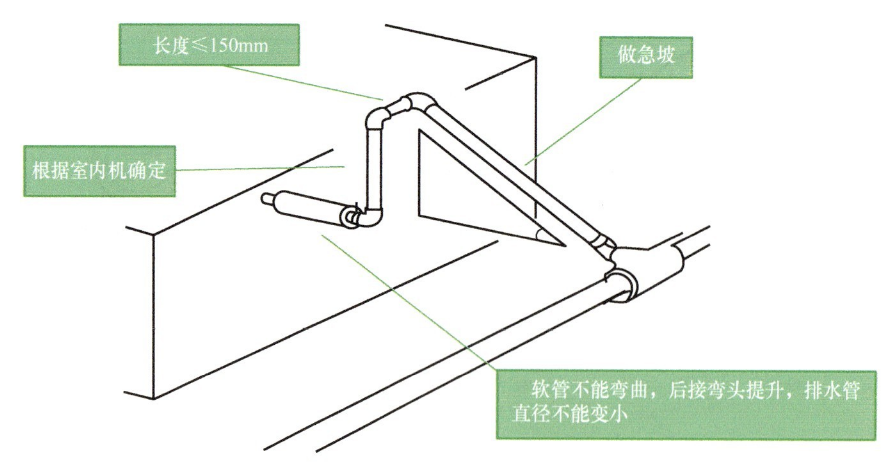

图5-14　带提升水泵机组的冷凝水管施工

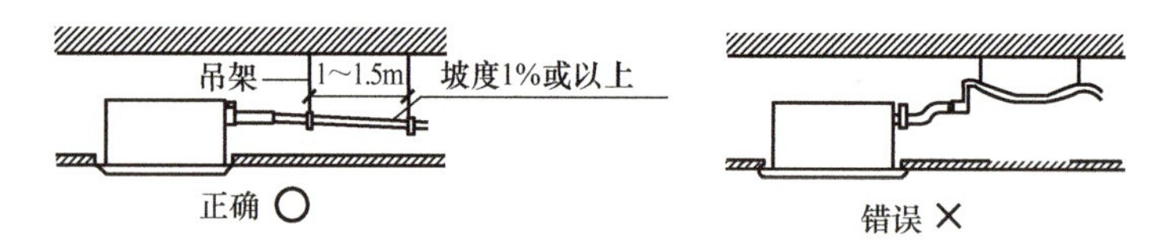

图5-15　排水管道坡度要求

3）使用附带的排水软管和金属固定件，把排水软管插入排水插口至根部，在白色胶带中央处拧紧夹子，直至螺钉头的拧紧残留距离不到4mm为止。

4）将附件中的密封垫包在金属固定件和排水软管外面，进行隔热（图5-16）。

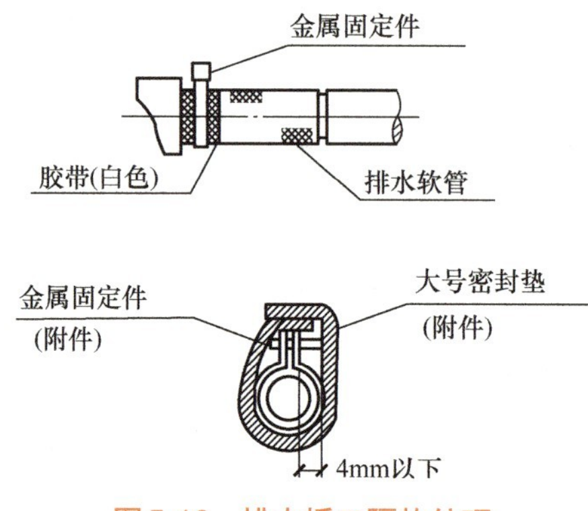

图5-16　排水插口隔热处理

5）确认室内排水管和排水插口是否妥善隔热，以防形成冷凝水滴落。

（2）安装排水提升管的注意事项

① 排水提升管高度在675mm以下。另外，装载在机组上的排水提升管为高扬程型，排水提升管高度越高，排水声越小。因此推荐使用高度300mm以上的排水提升管。

② 排水提升管与机组排水插口距离不超过300mm，并与机组垂直。

注意不要扭转排水软管或对其施加过度外力，否则会引起漏水。若多个排水管汇合，则应按图 5-17 所示程序进行安装。

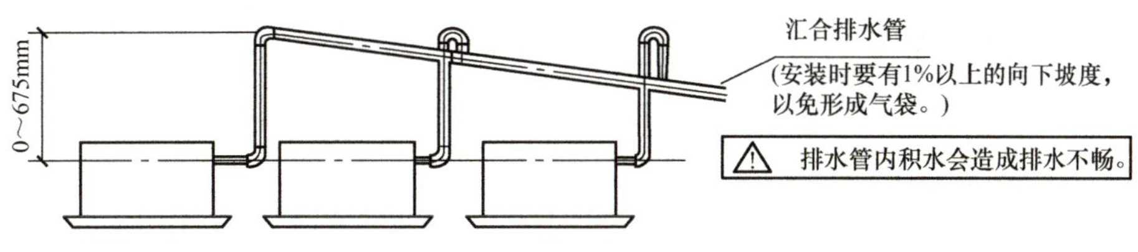

图 5-17　多个排水管汇合的安装要求

PVC 排水管的管径及安装要求决定了空调系统的排水能力，其中 PVC25/32 管径的水管不可作为汇流主管；PVC40 以上管径可作为汇流主管，但必须注意水管坡度是否满足排水量要求。表 5-3 为水管管径与排水量的关系。

表 5-3　水管管径与排水量的关系

水管管径与排水量的关系				
PVC 水管	水管内径 /mm	允许排水量 /（kg/h）		备注
		坡度 2%	坡度 1%	
PVC25	19	39	27	不可用作汇流主管
PVC32	27	70	50	
PVC40	34	125	88	可用作汇流主管
PVC50	44	247	175	

6. 室外机安装

1）室外机组的布置应遵循以下原则。

① 应设置在通风良好的场所，并考虑季风和楼群风对室外机组排风的影响。

② 宜设置于阴凉处，且不应设置在多尘或污染严重的地方。

③ 应远离电磁波辐射源设置，与辐射源间距至少为 1m。

④ 机组的排风不应影响邻居住户的开窗通风。

⑤ 机组的设置宜减少连接管总长度。

⑥ 机组之间、机组与周围障碍物之间应有安装、维护空间或通道，并符合产品的技术要求。

当室外机组集中布置时，应在机组周围留有充足的通风空间，以防止进、排风的气流短路或吸入其他机组的排风。当布置条件无法满足产品制造商的要求时，应采取抬高机组安装高度、加装机组排风管或改变机组周围的围护结构等措施，改善散热条件。必要时，宜采用气流组织模拟分析方法，辅助确定机组的进、排风口安装位置。

现场连接室外机配管时，可依据各室外机的安装要求选择合适的连接方向，以便后期维护保养及整体的美观。如图 5-18 和图 5-19 所示，不同设备有多种配管连接方向。

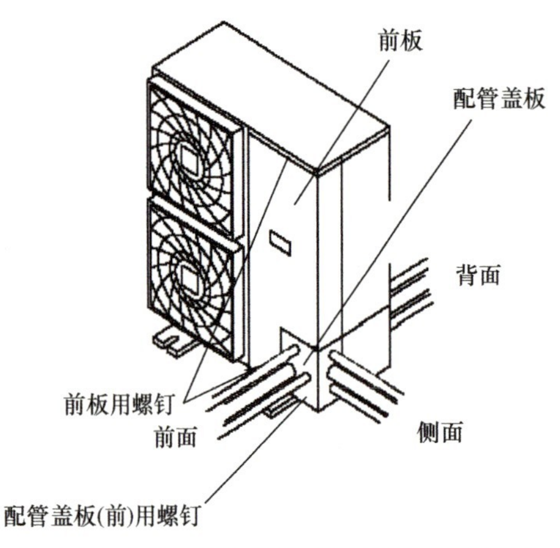

图 5-18　8HP 室外机配管连接方向示意图

注：现场连接配管可从 3 个方向连接。

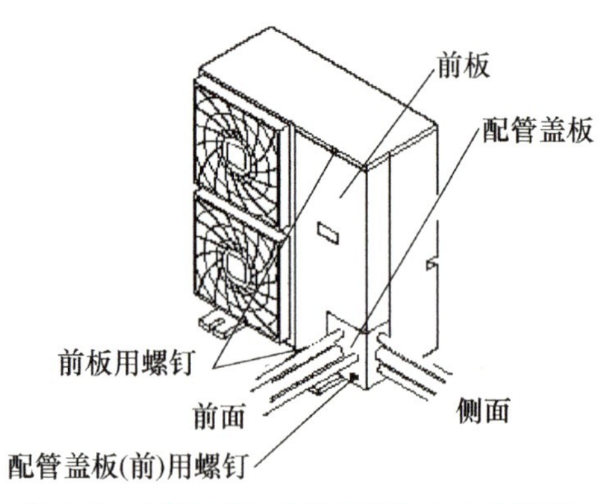

图 5-19　9HP 室外机配管连接方向示意图

注：现场连接配管可从 2 个方向连接。

2）冷媒配管施工三原则：清洁，干燥，气密，详见表 5-4。

表 5-4　配管施工三原则

配管原则	问题	产生原因	对策
干燥	冰堵、电气绝缘、老化	外部水分（雨水、施工现场的水）、管内的潮气	管道封口、氮气吹洗、真空干燥
清洁	脏堵	焊接时所产生的氧化物、管道加工时产生的铜屑、现场的灰尘或脏物	氮气置换、管道封口、氮气吹洗
气密性	冷媒泄漏	各个现场连接点、管材本身的缺陷	选择恰当的材料和工具，严格按照作业规范，进行气密性检测

冷媒配管施工流程如图 5-20 所示，图 5-21 举例说明各连接部连接方式。

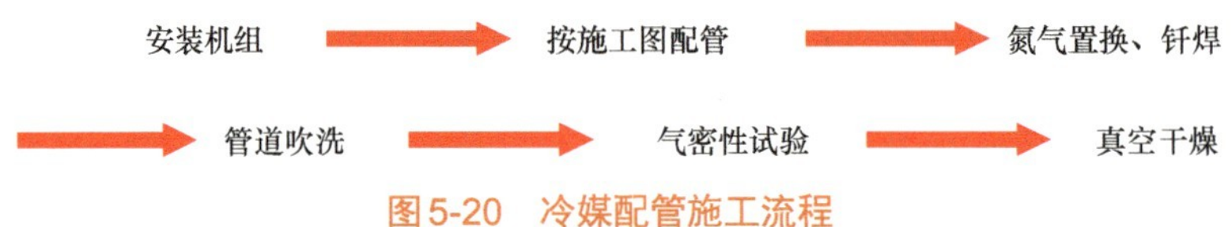

图 5-20　冷媒配管施工流程

7. 冷媒配管施工要求

当制冷剂配管采用焊接方式连接时，其焊接应符合以下规定。

① 焊接不应在封闭管道内有压力的情况下进行。

② 配管焊接时必须在管内通入 0.02 ～ 0.05MPa 表压的氮气等惰性气体，焊接后需继续通入惰性气体，直到冷却至常温为止。

③ 不同管径的配管插接钎焊时，其垂直配管应采用异径同心接头、焊接，外管内壁与内管外壁应同心、平齐；水平配管应采用异径偏心接头，气体管应选择上平安装方式，液体应选择下平安装方式。焊接时的承插口深度和内、外管间隙应符合表 5-5 的要求。

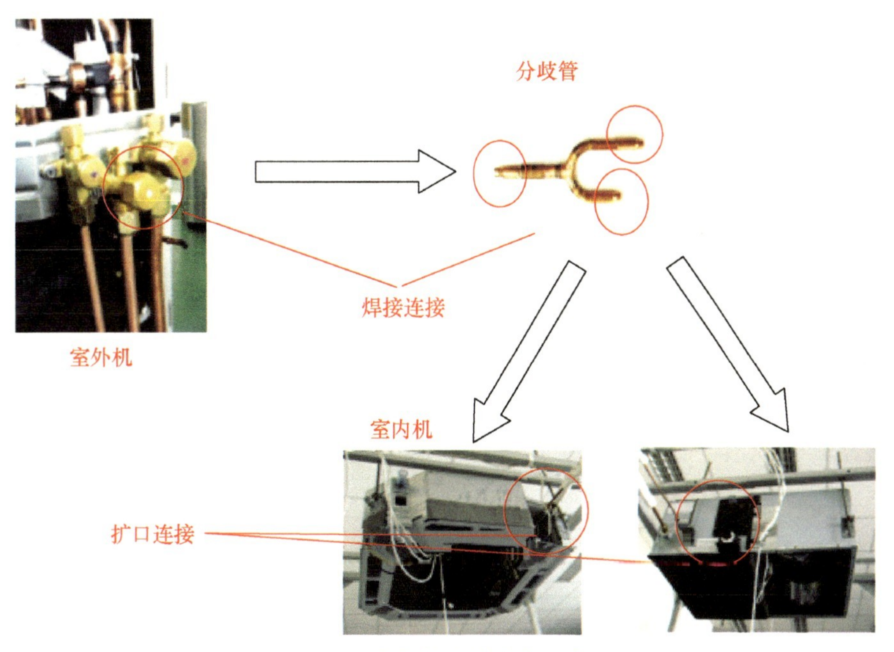

图5-21　各部件连接方式示意图

表 5-5　配管焊接尺寸要求

(单位：mm)

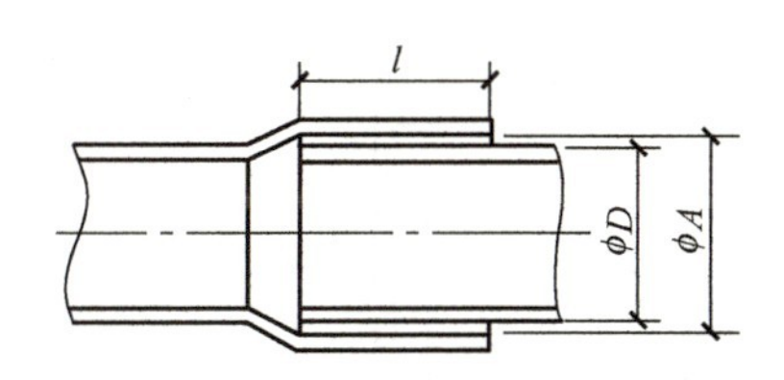

ϕD	l	$\phi(A-D)/2$
6.35	6	0.025～0.105
9.52，12.7	7	
15.88	8	0.025～0.135
19.05，22.23，25.4	10	
28.6，31.75	12	0.025～0.175
＞35	14	

注：l——最小承插口深度；
ϕA——外管内径；
ϕD——内管外径。
如果装配间隙过大，应减小外管口径，使其符合表中要求。

8. 充氮焊接

充氮焊接的目的是防止焊接时铜管内部产生氧化膜。充氮焊接的压力应该控制在0.02MPa(约 0.2kgf/cm^2) 左右，不宜太大。充氮焊接流程如图 5-22 所示。

① 定向流动气流。

② 保持焊接区域 0.02MPa 压力。

③ 在铜管完全冷却后，方可停止。

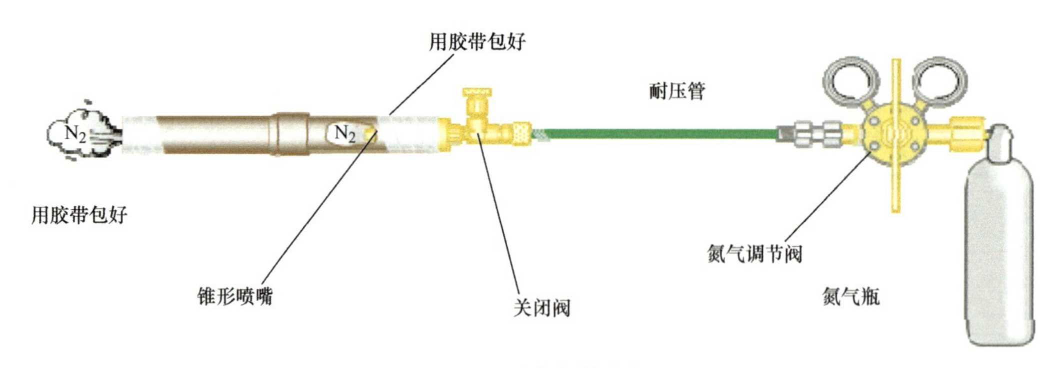

图 5-22 充氮焊接流程

9. 侧配线连接

电气系统及各类电气附件的安装必须按照产品制造商的技术文件进行，且应符合 GB 50303 和 JGJ 174-2010 的规定。各品牌电源参数不同，以大金家用空调为例，其室外机电路图如图 5-23 和图 5-24 所示。

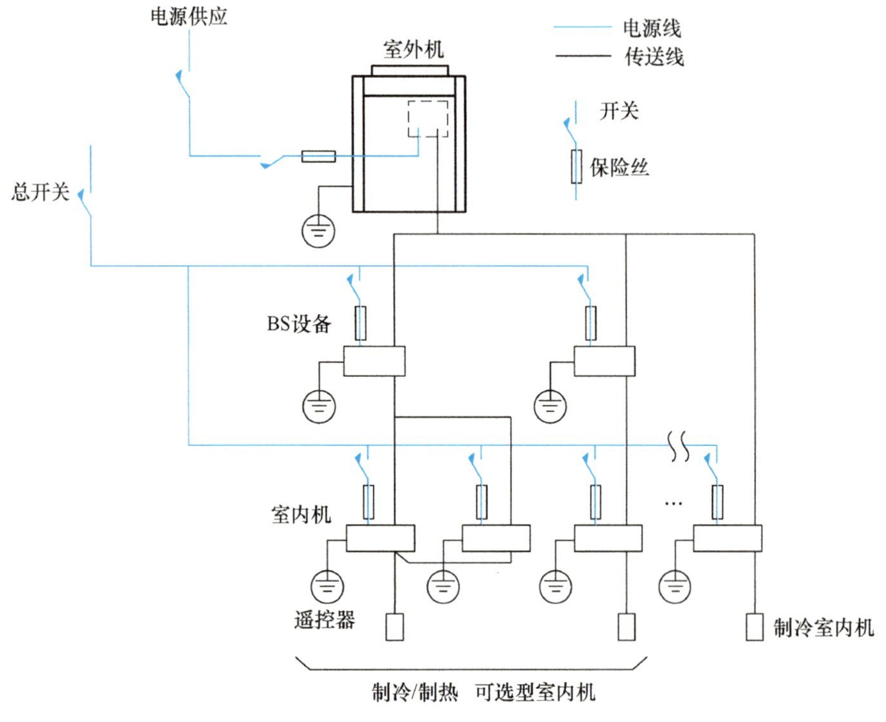

图 5-23 室外机电路图（一）

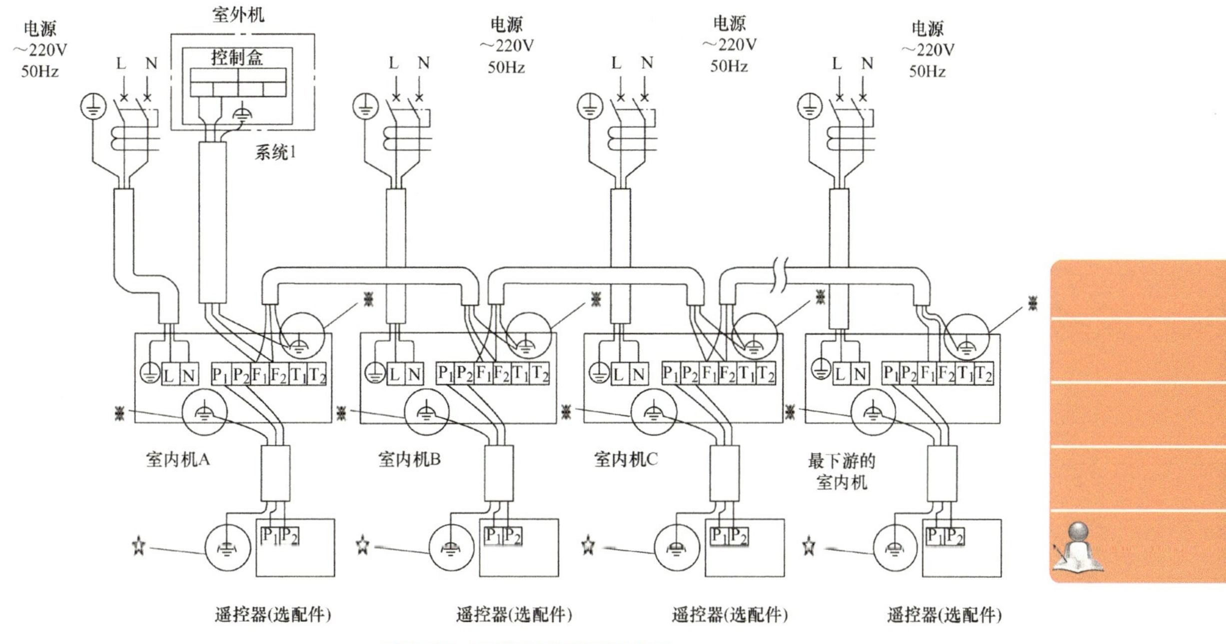

图5-24　室外机电路图（二）

10. 风管施工

（1）基本流程

风管施工的基本流程如图 5-25 所示。

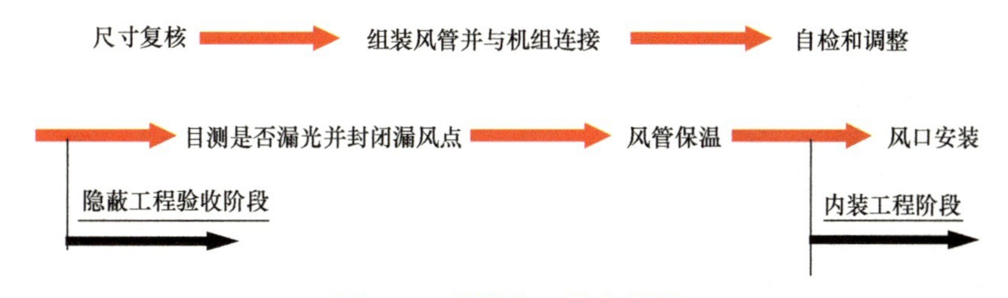

图5-25　风管施工基本流程

（2）技术要求

① 风管尺寸符合图纸要求，送风量符合设计标准。

② 风管不产生异常震动和噪声。

③ 风口接口严密不漏风。

（3）各类风管施工特点

① 镀锌铁皮风管（图 5-26）：一般在现场制作，安装成本高，用时长，适用于大型风管制作，保温在外部施工，且风管使用时间长。

② 高分子板材：现场进行裁切粘粘，施工方便，由于材质本身较软，适用于局部较短的风管制作。

③ 聚氨酯复合风管：一般为工厂定制，现场拼接，安装便利，适用于各种场合。

④ 保温配套软管：成型风管难以安装的情况下使用，由于阻力大，单风管使用不超过2m。

图5-26　镀锌铁皮风管安装示意图

11. 隐蔽工程验收

（1）冷媒系统气密试验

试验方法与检查步骤(氮气试压)如图 5-27 所示。

① 加压 3kg/cm^2，保持 3min。

② 加压 15kg/cm^2，保持 3min。

③ 加压至 4.0MPa(未连接室外机组时)，保持 24h。

气密试验中须采用氮气，同时对冷媒系统气侧、液侧及高、低压侧进行保压。

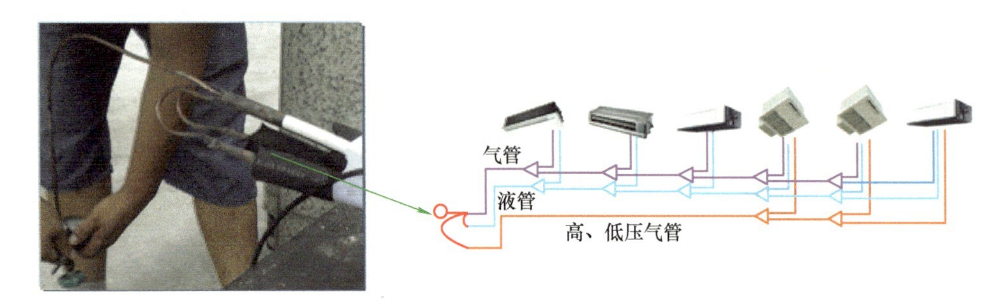

图5-27　现场充氮保压

（2）真空干燥

三管制冷媒系统真空干燥的方法如图 5-28 和图 5-29 所示。

真空作业时，须使用多歧压力表及三通接头，气侧、液侧及高、低压侧同时进行。运行真空泵 2h 以上，抽至 –0.1MPa 后关闭表阀，放置 1h 以上，确认压力是否回升。如压力上升，则说明系统存在泄漏问题；无回升则可进行制冷剂加注作业。

（3）系统冷媒充填注意事项

① 真空干燥完成后，将钢瓶连接至室外机液侧截止阀维修口（保持所有截止阀关闭）。

② 打开加液阀，进行液态冷媒充填，注意控制追加量，如图 5-30 所示。

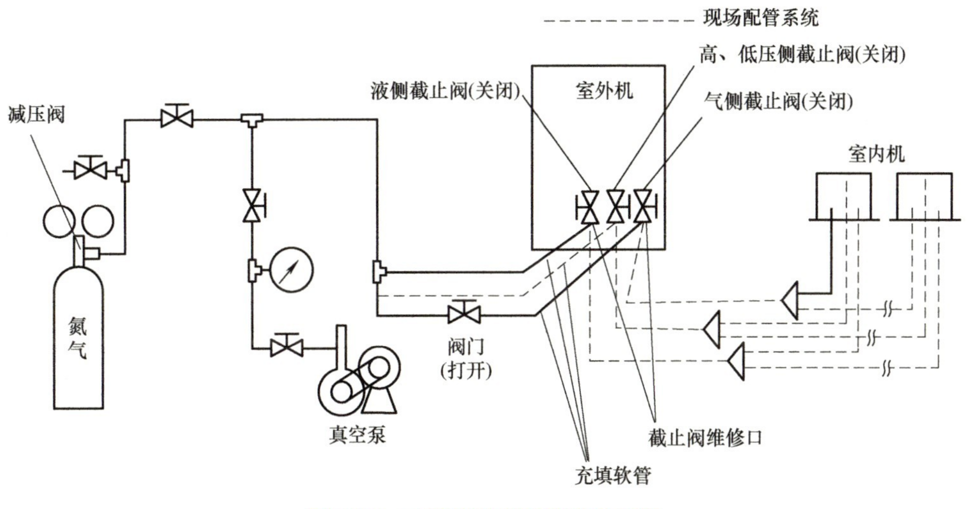

图5-28　三管制冷媒系统真空干燥

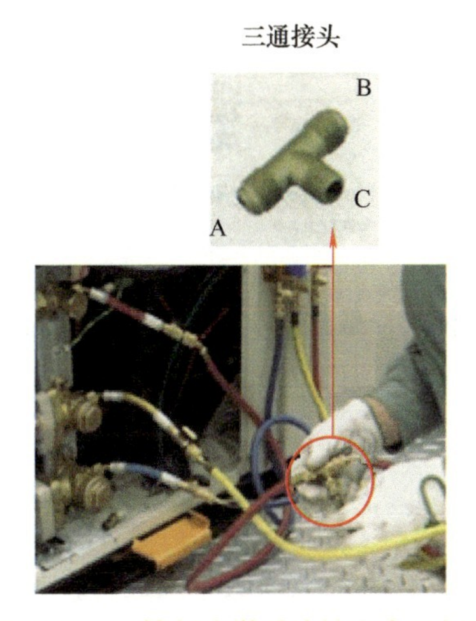

图5-29　三管制冷媒系统抽真空示例图

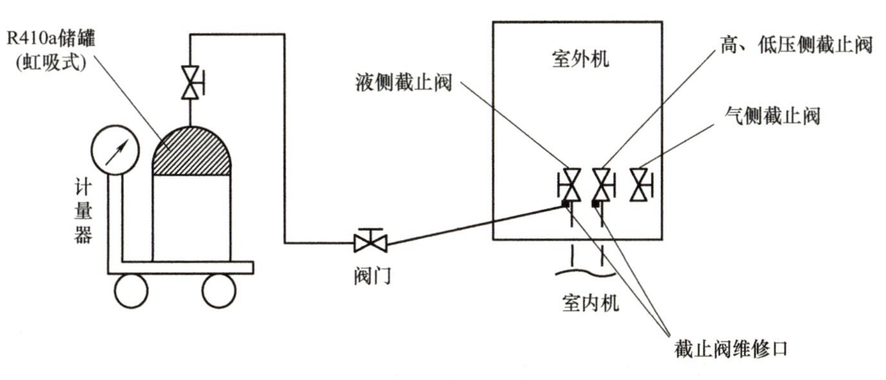

图5-30　定量加液

12. 线控器安装

以大金产品为例，线控器安装如图 5-31 所示，注意事项如下。

① 安装前注意线控器型号是否与设计要求符合。

② 采用双芯软线 (0.75 ～ 1.25mm^2) 连接。

③ 连接线控器之前不要对室内机通电，以免对 P 板中的弱电电路带来影响。

BRC1F611

BRC1E631

图5-31　线控器安装

任务 3　家用多联机空调试运转

任务描述

熟悉家用多联机空调试运转的一般规定，掌握家用多联机空调的试运转步骤与方法。

任务实施

1. 一般规定

多联机系统安装完成后，应进行系统调试与试运行，并进行运行效果检验；当达到设计要求后，才能进行工程验收。进行系统调试与试运行的工作人员，应经过专业培训并持有上岗操作证书，施工作业时应持证上岗。

多联机系统的工程验收应由工程建设单位组织安装、设计、监理等单位共同进行。

多联机系统工程中，水系统的调试运行、检验及验收应符合 GB 50242 的规定。

2. 调试与试运行

多联机系统在调试与试运行以前应进行开机前检查，其检查内容与流程应按产品制造商技术文件的规定进行。

多联机系统在开机运行前应通电预热 6h 以上。

多联机系统调试所使用的测量仪器仪表，其性能应稳定可靠，准确等级及最小分度值应满足测试要求，并应符合现行国家计量法规的规定。

图 5-32 和图 5-33 为大金 VRV 室外机的调试操作步骤。

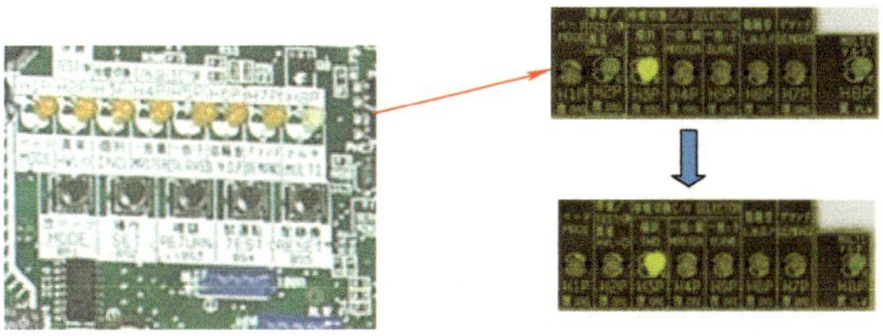

图5-32 4～6HP室外机调试操作步骤

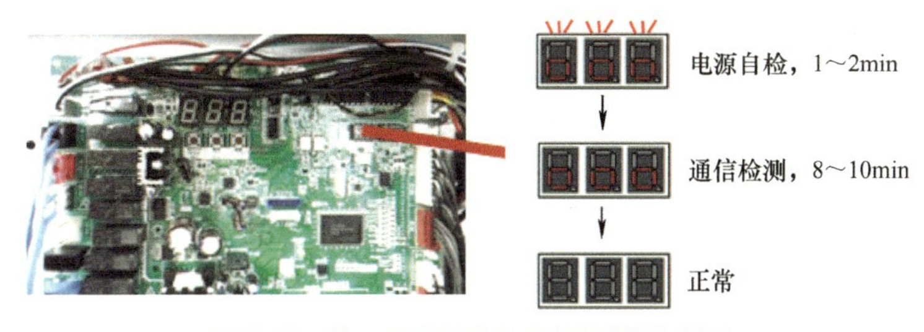

图5-33 7～12HP室外机调试操作步骤

（1）通电预热

接通电源，预热空调机。

（2）试运转

①4～6HP空调机试运转：当冷媒充填完成后，按BS4按钮5s以上，进行试运转(如果不进行试运转，直接用遥控器开机运行，会出现“U3”故障)，如图5-34所示。检查运转期间盖上室外机盖板(除电器盒外侧的面板)。

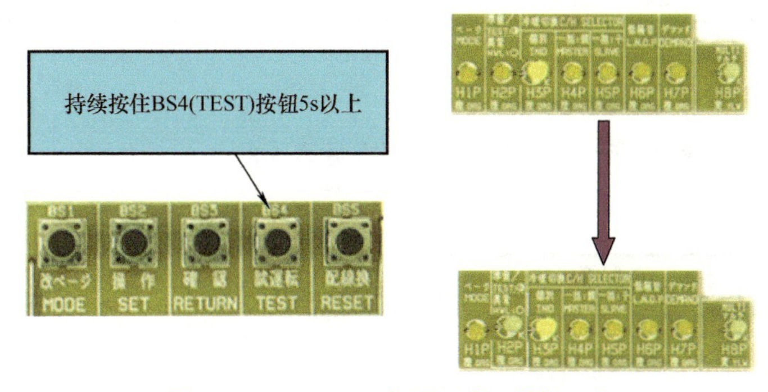

图5-34 4～6HP空调机试运转指示灯

②7～12HP空调机试运转：完成冷媒充填，长按BS2按钮5s，7段码显示如图5-35所示，开始试运转。试运转期间应尽量盖上室外机盖板，以防止旁通气流过多产生测试误差。试运转结束后，检查7段码显示，确认是否正常(如异常，7段码显示故障信息)。

图5-35 7～12HP试运转指示灯

注意：试运转前，所有室内机都必须连接遥控器，否则将出现“U4-03”故障。

3. 故障代码

当 4 ～ 6HP 空调机试运转异常时，常见故障代码见表 5-6。

表 5-6　4 ～ 6HP 空调机常见故障代码

故障代码	故障内容	对应措施
U4	室外机与室内机信号不良	正确连接系统信号线
U7	机组间配线交叉接线	正确连接机组间的配线
E3 F6 UF	冷媒充填过量	正确计算冷媒充填量，并进行调整
E4 F3	冷媒不足	正确计算冷媒充填量，并进行调整

当 7 ～ 12HP 空调机试运转异常时，故障代码见表 5-7。

表 5-7　7 ～ 12HP 空调机常见故障代码

故障代码	故障内容	对应措施
F6	制冷剂充填过量	正确计算冷媒充填量，并进行调整
F3	制冷剂充填量错误（不足或过量）、截止阀未打开	正确计算冷媒充填量，并进行调整；正确打开截止阀
U2	电源电压不足	检查电源情况
U4	室外机电源未接通	正确接通室外机电源
UF	配管配线交叉连接	正确连接机组间的配线

4. 常见安装不良分析

1）冷媒管（连铸连轧管、挤压管）尺寸要求见表 5-8。

表 5-8　冷媒管尺寸要求

配管尺寸		配管类型
外径/mm	最小壁厚/mm	
ϕ6.4（2 分管）	0.8	盘管
ϕ9.5（3 分管）	0.8	
ϕ12.7（4 分管）	0.8	
ϕ15.9（5 分管）	1.0	
ϕ19.1（6 分管）	1.0	直管
ϕ22.2（7 分管）	1.0	
ϕ25.4（1 寸管）	1.0	

胀管后，标准铜管和非标准铜管有明显区别，薄壁管在弯管时出现褶皱，如图 5-36 所示。使用薄壁的非标准铜管，在初期调试阶段可能不会出现问题，但随着使用时间越来越长，存在制冷剂泄漏、铜管开裂等隐患，因此应使用正规品牌铜管，且加工工艺应符合规范要求。

 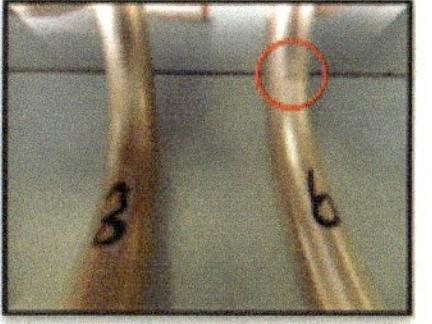

图5-36　标准铜管与非标准铜管

2）保温材料尺寸见表5-9，类型为橡塑保温，难燃B1级。图5-37和图5-38分别为合格保温材料与不良保温材料示意图。

表5-9　保温材料尺寸表

配管类型	大金要求
ϕ6.4～ϕ12.7	保温厚度≥15mm
≥ϕ15.9	保温厚度≥20mm
冷凝水管	保温厚度≥10mm

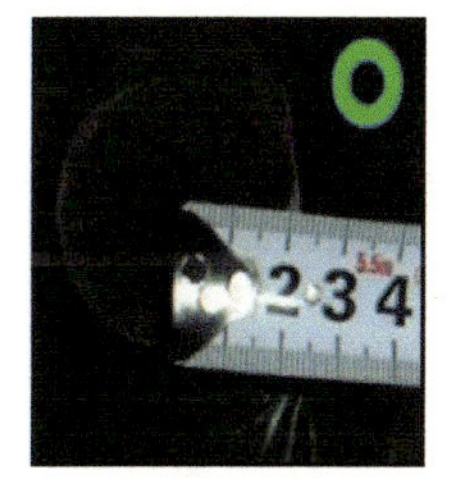

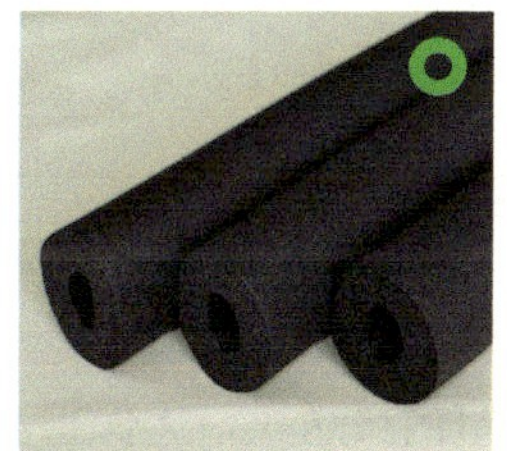

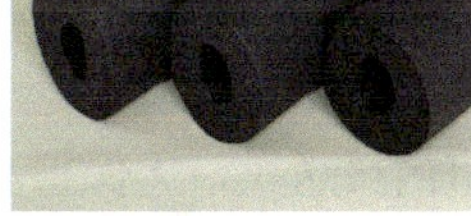

图5-37　合格保温材料

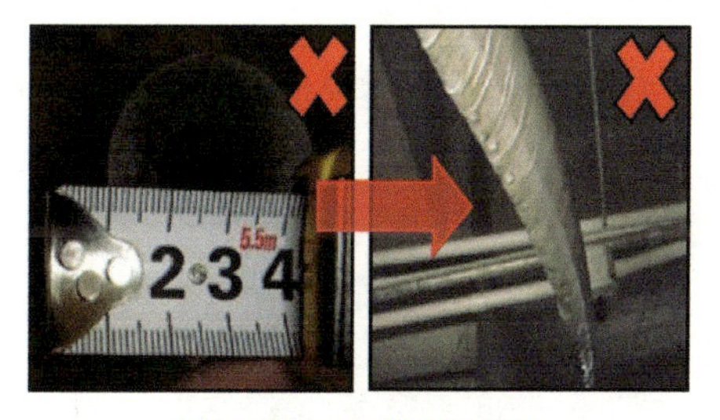

图5-38　不良保温材料

3）吊顶施工基本过程。弹线→大龙骨吊装→中小龙骨吊装→罩面封板安装→表面处理→特殊造型处理→自查及验收。图5-39和图5-40为龙骨吊装。

图5-39　龙骨吊装（一）

图5-40　龙骨吊装（二）

进行吊顶安装时，建议在现场观察风口开口位置，以减少风口错位的问题，如图5-41所示。

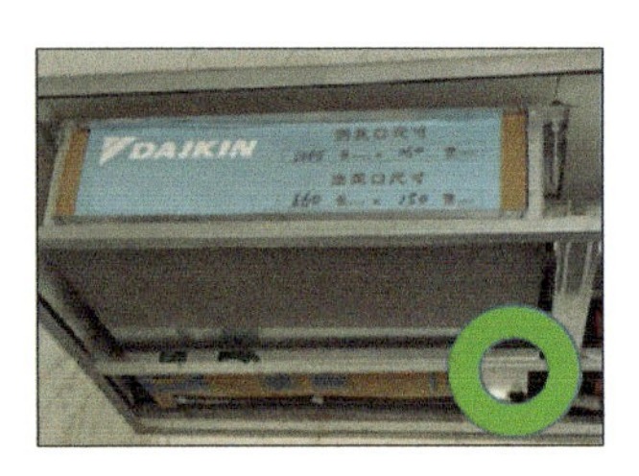

图5-41　风口开口

任务4　常见安装问题

任务描述

了解空调安装过程中容易出现的问题，掌握正确的安装操作要点。

相关知识链接

空调安装过程中常见的问题及影响见图 5-42 ～ 图 5-51。

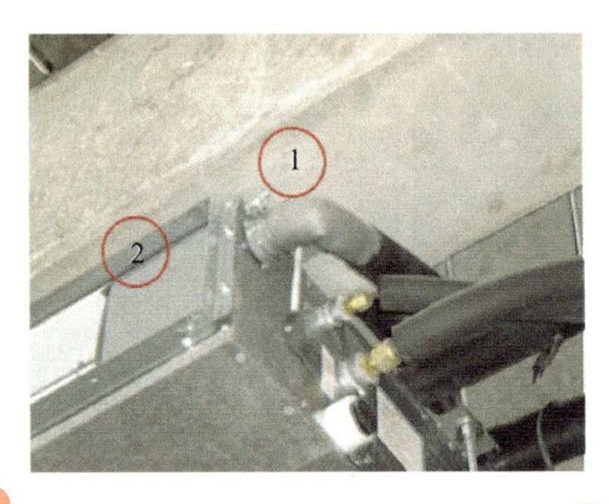

1. 问题点

① 排水软管弯曲。

② 室内机送风口无保护。

2. 可能产生的影响

① 软管弯曲，减小排水管径，不利于排水。

② 风口不保护，现场灰尘、垃圾易进入本体。

图5-42　常见安装问题（一）

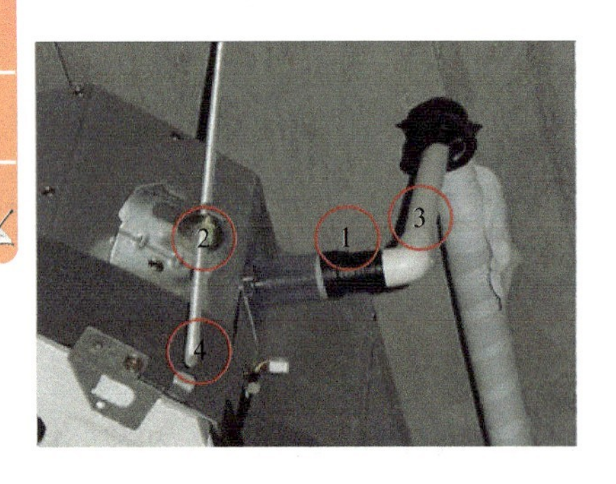

1. 问题点

① 未使用附带排水软管。

② 采用单螺母固定。

③ 排水管管径偏小，提升不规范。

④ 吊装设备用的丝杆下部过长。

2. 可能产生的影响

① 设备运转时震动，胶水粘结处易脱落漏水。

② 吊杆下部必须双螺母锁紧。

③ 管径变小，提升后无斜坡，不利于排水。

④ 丝杆过长，既浪费材料又影响面板安装。

图5-43　常见安装问题（二）

1. 问题点

① 信号线当中接头。

② 分歧管不足 500mm 急转弯。

③ 冷凝水管未进行保温。

④ 分歧管前后缺少固定。

2. 可能产生的影响

① 在使用中发生信号传送不良故障。

② 冷凝水管不保温，会导致管道表面结露。

③ 急弯会导致冷媒偏流和流动异响。

④ 缺少吊杆，导致管道下垂甚至晃动。

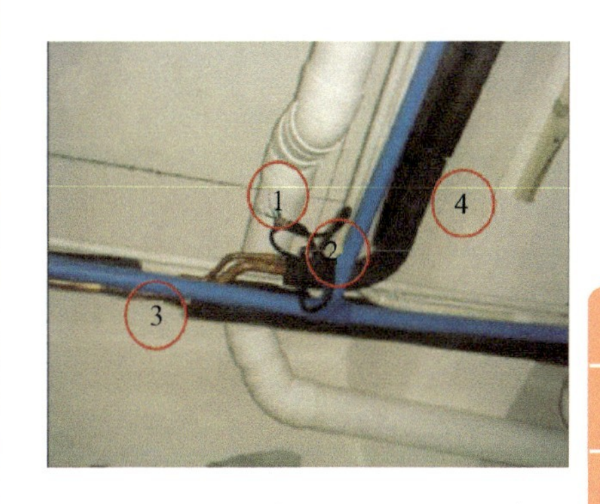

图5-44 常见安装问题（三）

1. 问题点

① 室内机带有提升泵，在室内机排水口附近安装排气口。

② 室内机的养护采用塑料袋或包装纸完全包裹。

2. 可能产生的影响

① 冷凝水在泵的作用下，假如后方排水不畅，则可能会从排气口处溢水。

② 在装潢吊顶完成后，不容易把包装纸完全拆除，存在包装纸卷入室内机的可能性。

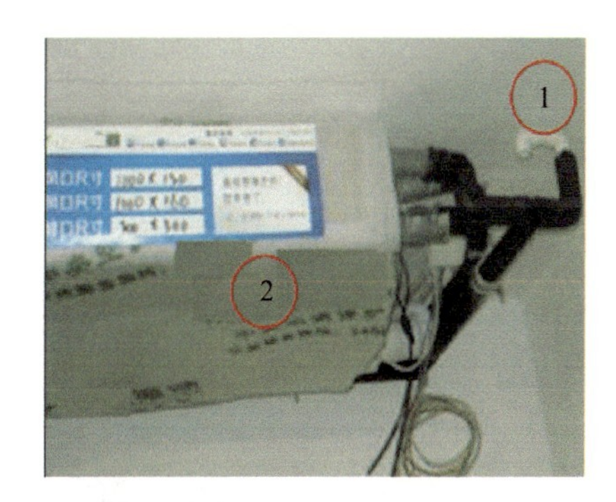

图5-45 常见安装问题（四）

1. 问题点

室内机出风口和装潢开口之间有缝隙。

2. 可能产生的影响

出现漏风现象；如果采用吊顶回风，则会形成气流短路；同时由于漏风，出风格栅表面可能出现结露的现象。

图5-46 常见安装问题（五）

1. 问题点

室内新风系统管道，全部采用软风管进行连接。

2. 可能产生的影响

全部采用软风管的阻力较大，而新风设备的静压不大，导致送风口风速过低，新风效果不佳。

图5-47　常见安装问题（六）

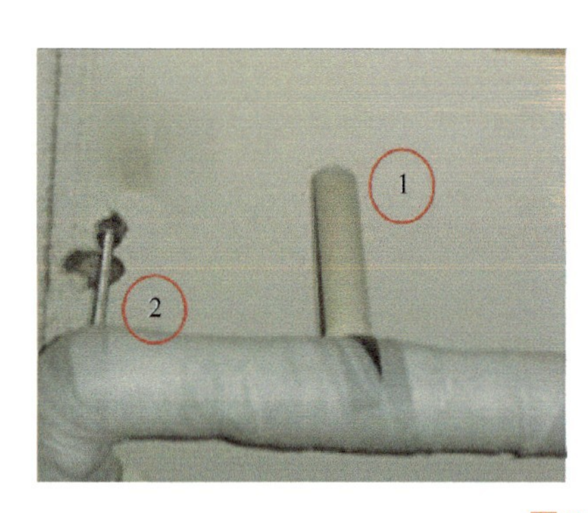

1. 问题点

① 冷凝水管的排气口向上敞开。

② 冷凝水管用装饰带包扎。

2. 可能产生的影响

① 开口向上，施工现场的灰尘、垃圾容易进入管道内，导致管道堵塞，影响排水。

② 降低保温效果。

图5-48　常见安装问题（七）

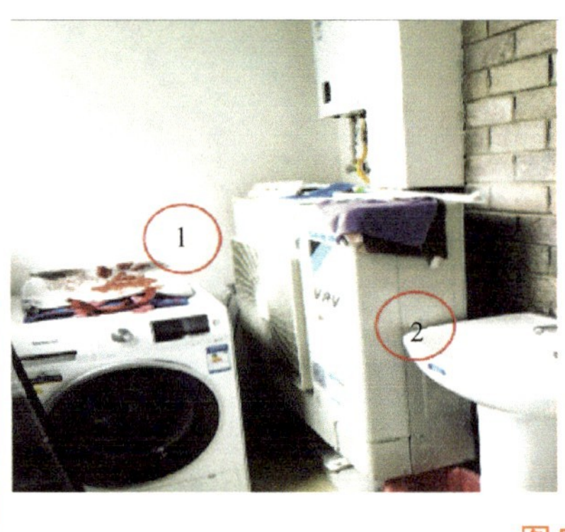

1. 问题点

① 室外机出风口前正对洗衣机。

② 室外机侧面、上方空间狭小。

2. 可能产生的影响

① 出风受阻，会导致室外机散热不良，形成气流短路，直接影响空调的使用效果。

② 狭小的空间对日后的维修和保养造成困难。

图5-49　常见安装问题（八）

1. 问题点

室内机出风口与装潢吊顶的开口错位。

2. 可能产生的影响

室内机出风被阻挡，导致空调效果不佳；如果该室内机为3D风口机型，将导致3D风口无法安装。

图5-50　常见安装问题（九）

1. 问题点

室内机下送下回，出回风口距离过近。

2. 可能产生的影响

出回风气流短路，影响空调使用效果（建议出回风口的距离在 1m 以上）。

图5-51 常见安装问题（十）

项目六 Project 6

无火连接

无火连接是一种简单、安全、高效的空调管连接方式。本项目介绍无火连接的原理、结构等。

任务1　区别常规连接与无火连接

任务描述

通过对优缺点的分析比较，区别常规连接与无火连接。

任务实施

（1）钎焊连接

钎焊连接如图6-1所示，其缺点有以下几个。

① 需要氧气、乙炔，充氮保护。

② 需要消防安全设备及许可证。

③ 需要专业焊接人员。

④ 管道无法保证清洁。

（2）无火连接

无火连接如图6-2所示，其特点如下。

① 无需动火证；无明火，无火灾危险；无须充氮保护和清洗。

② 快速连接，无需特殊技能；连接后管路内外清洁、连接可靠；无焊接产生的质量问题。

③ 无有害物质排放，绿色节能环保。

普通焊接与无火连接的对比如图6-3所示。

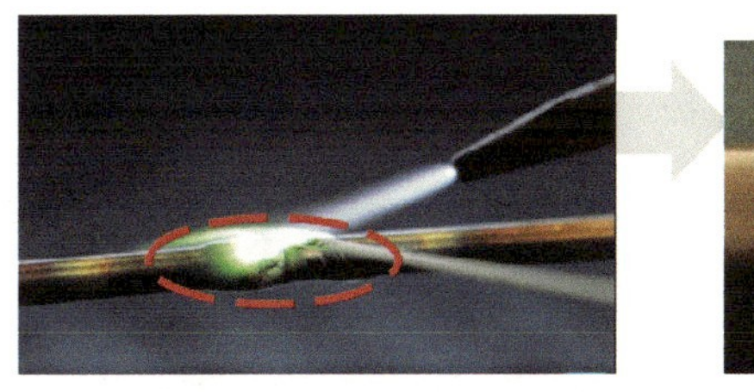

图6-1　钎焊连接

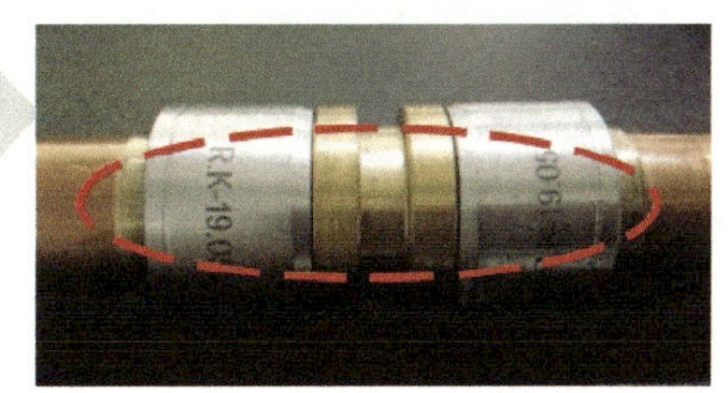

图6-2　无火连接

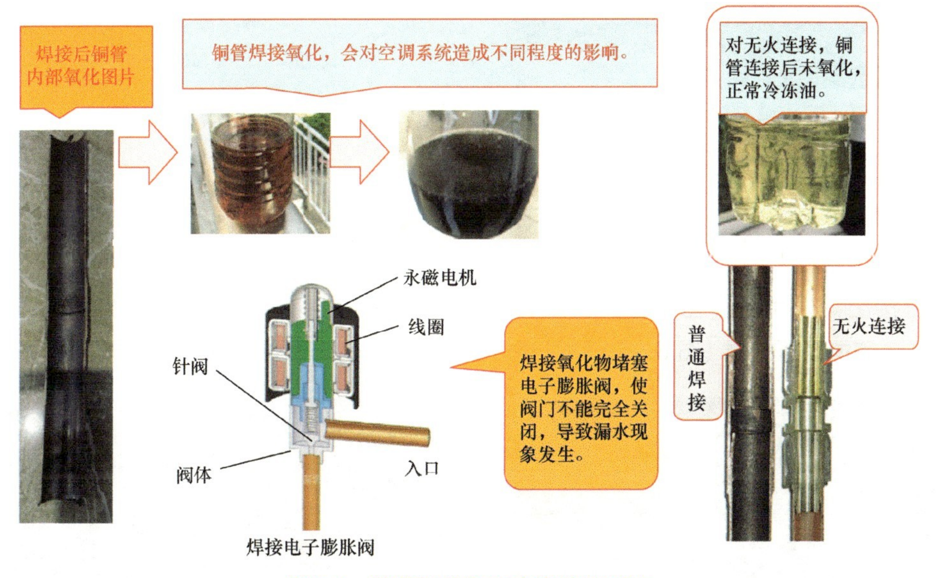

图6-3　普通焊接与无火连接的对比

任务2　无火连接

任务描述

了解无火连接的原理、结构、工具等，掌握无火连接的基本操作。

任务实施

1. 无火连接原理及结构

无火连接原理及结构如图6-4所示。

1）复合环：由两个单环、一个中间体、两个加固衬套组成。

2）复合环原理：在锐克环挤压的作用下，中间体、被连接管、加固衬套之间产生径向作用力，导致塑性及弹性变形，这种变形可以保证被连接管道的强度及密封性。

3）当中间体、被连接管、加固衬套三者产生塑性及弹性变形时，所使用的填充剂将铜管表面的划伤、凹痕、塑性及弹性变形区填满，填充剂固化后形成永久的密封区。

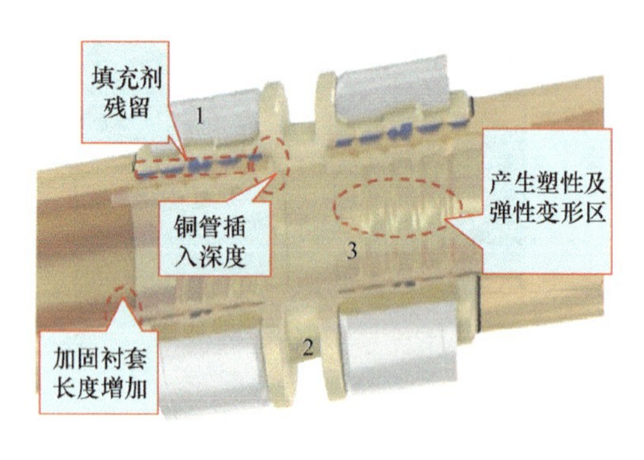

图6-4　无火连接原理及结构

2. 无火连接工具

（1）压接工具

压接工具采用压接器，它是将复合环与铜管挤压成一体的工具，分为手动压接器（图 6-5）和电动压接器（图 6-6）。

图6-5　手动压接器

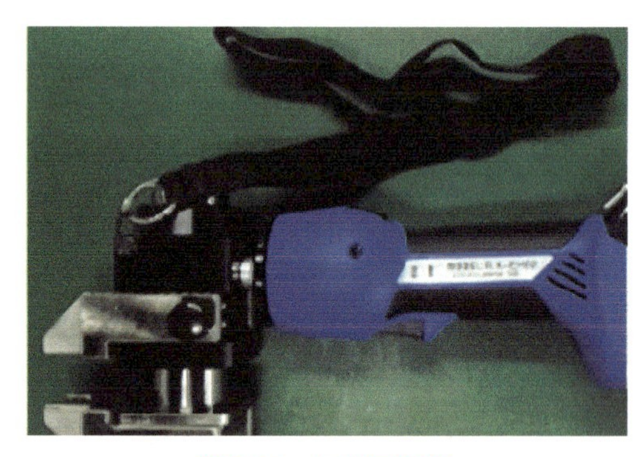

图6-6　电动压接器

（2）测量工具

测量工具有游标卡尺、弯尖头测量仪，如图 6-7 和图 6-8 所示。

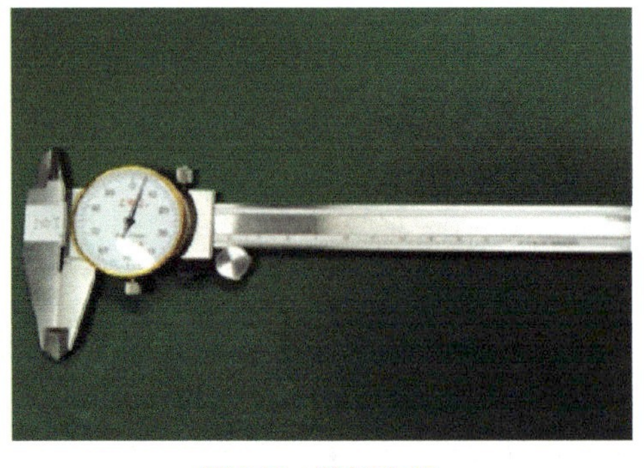

图6-7　游标卡尺

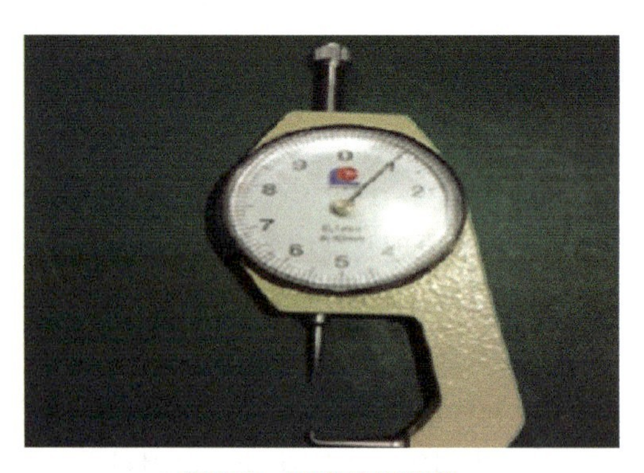

图6-8　弯尖头测量仪

（3）其他辅助工具

其他辅助工具有割管刀、胀管器（消除毛刺）、倒角器、管口整形治具、含砂百洁布、记号笔等，如图 6-9 所示。

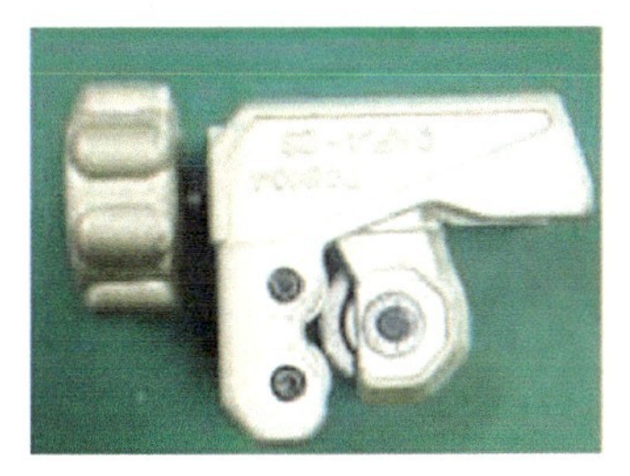

割管刀

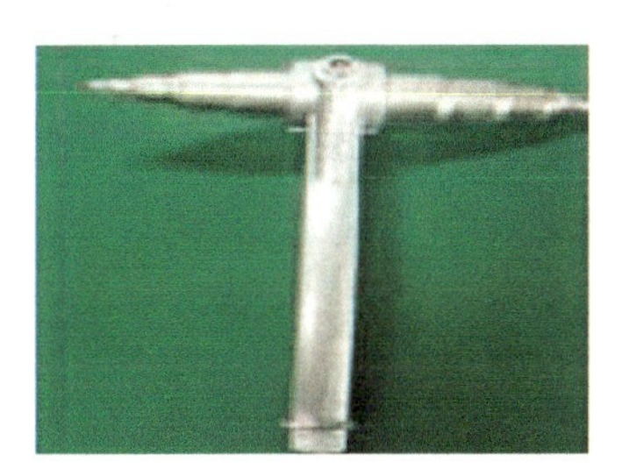

胀管器

倒角器

管口整形治具

含砂百洁布

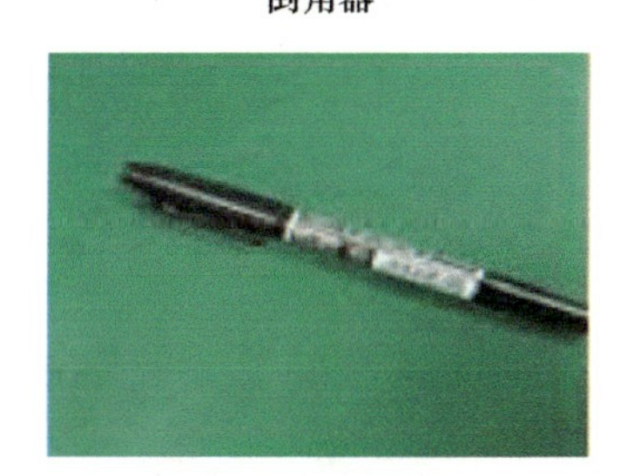

记号笔

图6-9 其他辅助工具

3. 无火连接允许使用的铜管规格及参数

无火连接是由铜管与复合环压接而成的工艺连接，对铜管规格有一定要求，见表 6-1；当铜管表面出现伤痕、凹坑、变形、严重氧化等不良现象时，不得使用。

表 6-1 铜管参数表 （单位：mm）

序号	连接铜管		允许偏差		管态
	铜管外径	铜管壁厚 δ	外径公差	壁厚公差	
1	ϕ6.35	0.8	± 0.05	± 0.05	M
2	ϕ9.52	0.8	± 0.05	± 0.05	M
3	ϕ12.7	0.8	± 0.05	± 0.05	M
4	ϕ15.88	1.0	± 0.05	± 0.07	M
5	ϕ19.05	1.0	± 0.05	± 0.07	M
6	ϕ22.2	1.0	± 0.07	± 0.09	Y
7	ϕ25.4	1.0	± 0.07	± 0.09	Y
8	ϕ28.6	1.0	± 0.07	± 0.09	Y
9	ϕ31.8	1.1	± 0.1	± 0.1	Y
10	ϕ34.9	1.3	± 0.1	± 0.1	Y

（续）

序号	连接铜管		允许偏差		管态
	铜管外径	铜管壁厚 δ	外径公差	壁厚公差	
11	ϕ38.1	1.4	± 0.1	± 0.1	Y

注：根据加工紫铜管的方式不同，管态可分为硬态（用 Y 表示）和软态（用 M 表示）。

1. 硬态是指用拉制或挤制的方法进行加工，特点是比较脆，不适合进行弯折。

2. 软态是指在硬态加工方式后又增加了退火工艺，退火后就会变软。这种紫铜管容易弯折。

铜管在使用前需要确认外径及壁厚是否符合要求，测量工具使用游标卡尺和弯尖头测量仪。测量方法如图 6-10 和图 6-11 所示。

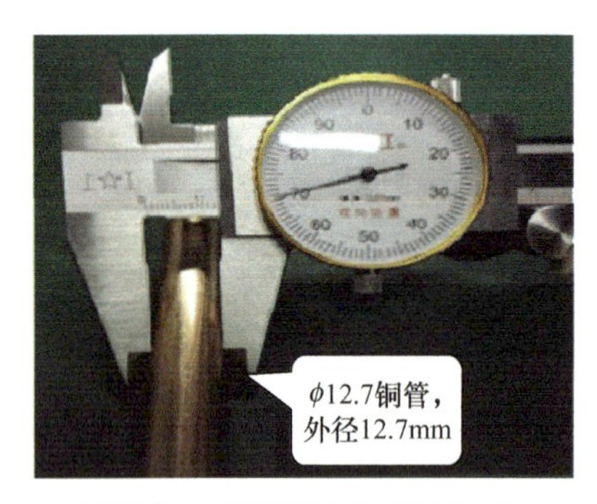

图6-10 铜管测量方法（一）

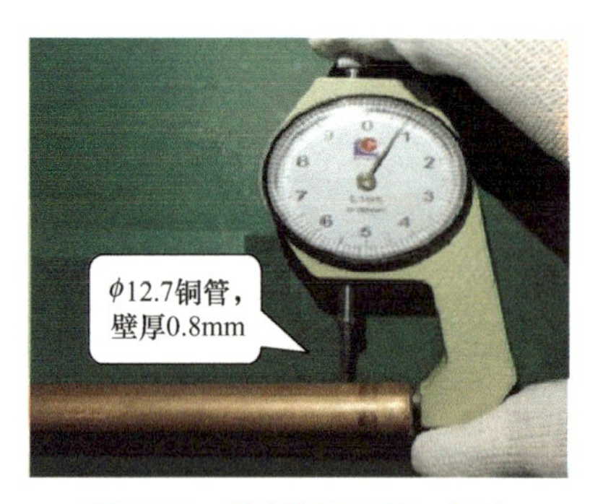

图6-11 铜管测量方法（二）

4. 复合环安装步骤

① 修整铜管管口。铜管管口有毛刺时使用倒角器直接消除 (图 6-12a、b)；管口有缩径时，使用管口整形治具配合胀管器平整铜管管口 (图 6-12c、d)。

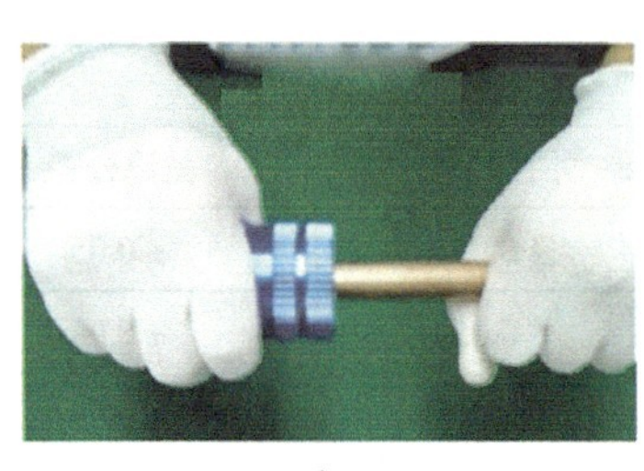

a)

b)

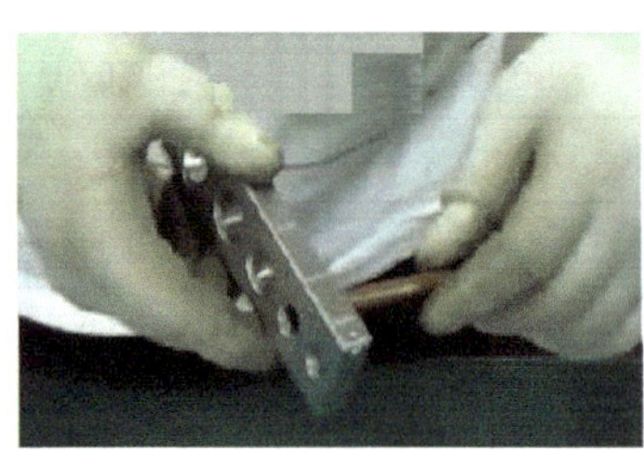

c)

d)

图6-12 铜管管口修整

② 清洁铜管表面。使用含砂百洁布清洁铜管管口 2 ～ 3cm，去除铜管表面的轻微划伤、油污、氧化层，如图 6-13 所示。

图6-13 清洁铜管表面

③ 安装加固衬套。把复合环包装中配套使用的加固衬套安放到对应的铜管中，如图 6-14 所示。

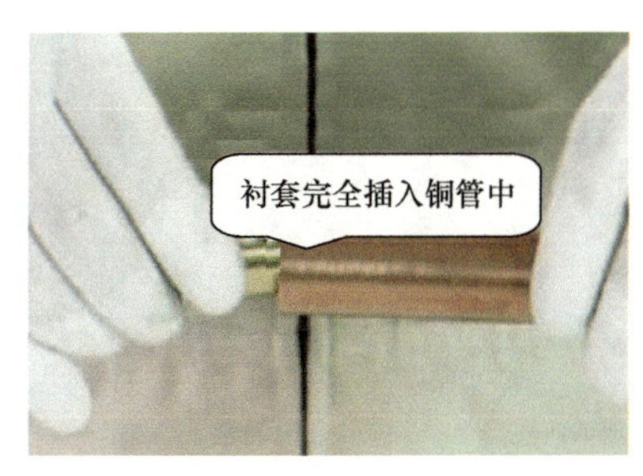

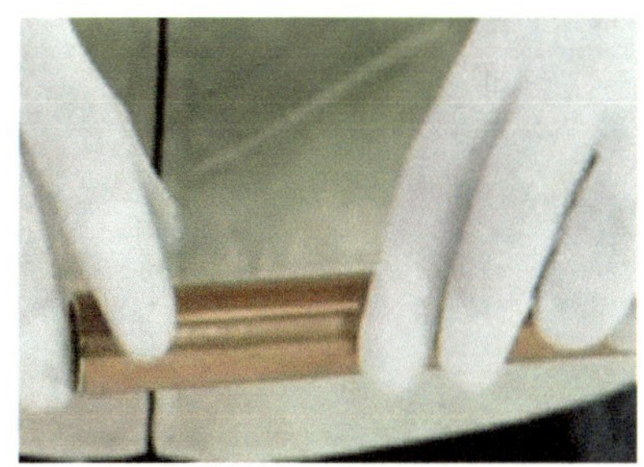

图6-14 安装加固衬套

④ 标记插入深度。把装好加固衬套的铜管插入对应的中间体中，用记号笔在中间体和铜管的接触边缘处画出一条标记线，用于判断铜管插入中间体深度是否符合要求，如图 6-15 所示。

⑤ 安装钢环。把对应的钢环放到铜管上，注意钢环的方向，要把钢环带导向一侧朝外，如图 6-16 所示。

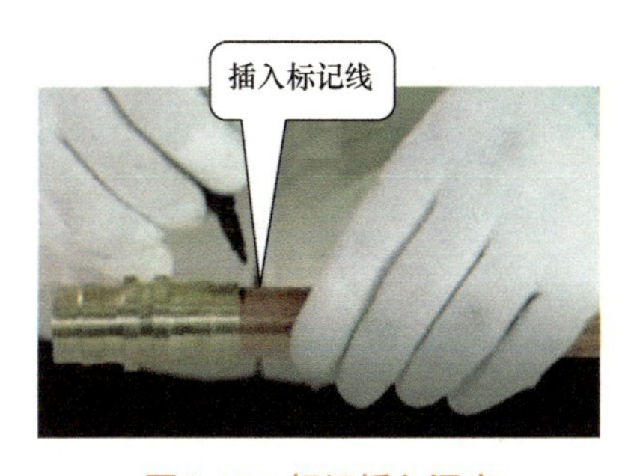

图6-15 标记插入深度

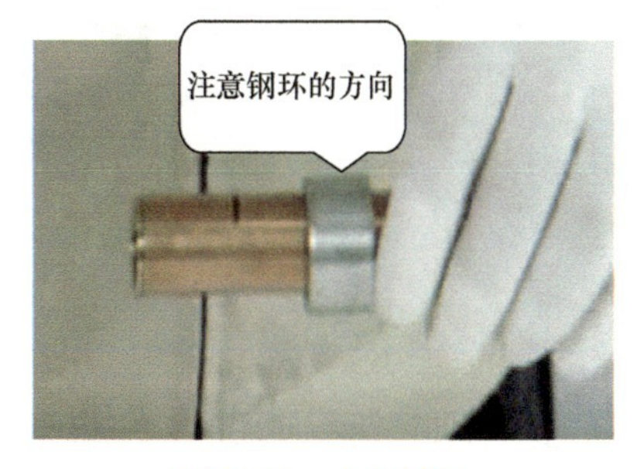

图6-16 安装钢环

⑥ 涂抹填充剂。涂抹过程中要确保在铜管插入标记线以内的周圈涂抹均匀，如图 6-17 所示。

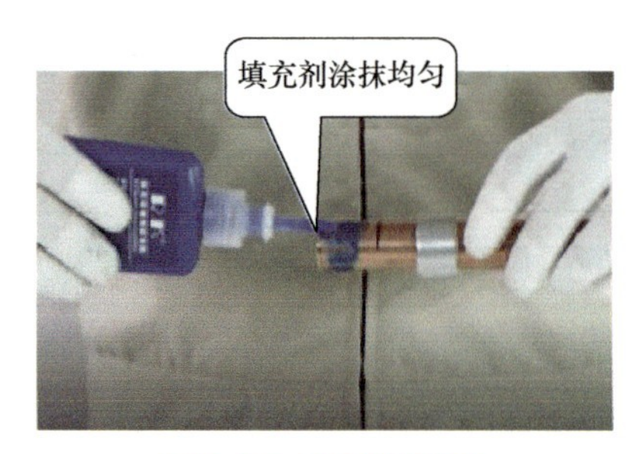

图6-17　涂抹填充剂

⑦ 插铜管。将完成以上步骤的铜管插入中间体中，注意铜管完全插入后，标记线应在中间体的边缘位置，如图 6-18 所示。

⑧ 压接。将完成以上步骤的复合环及铜管，放入配合使用的电动工具钳口中，注意中间体要完全放入钳口中。按住工具开关直至压接完成，工具钳口自动复位，如图 6-19 所示。

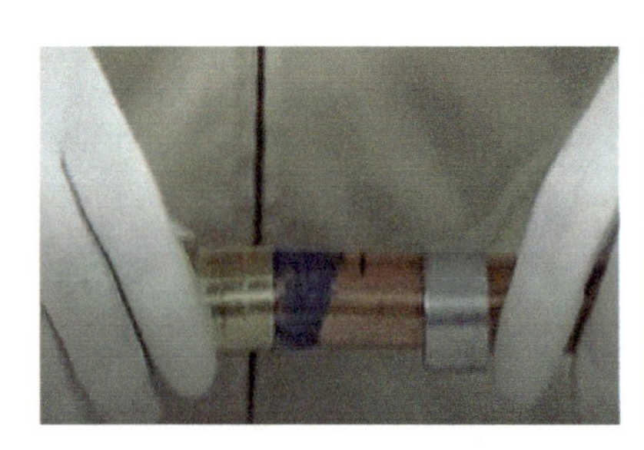
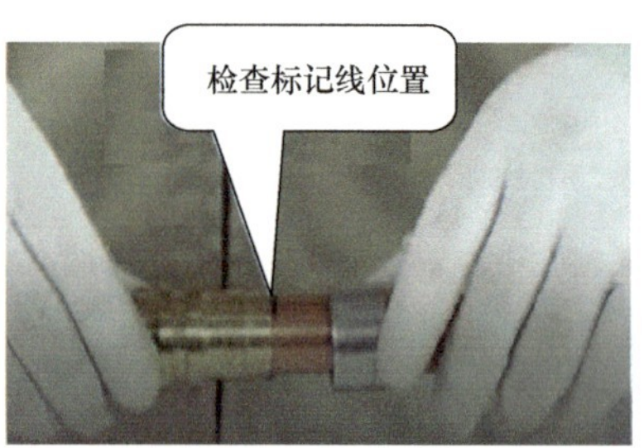

图6-18　插铜管

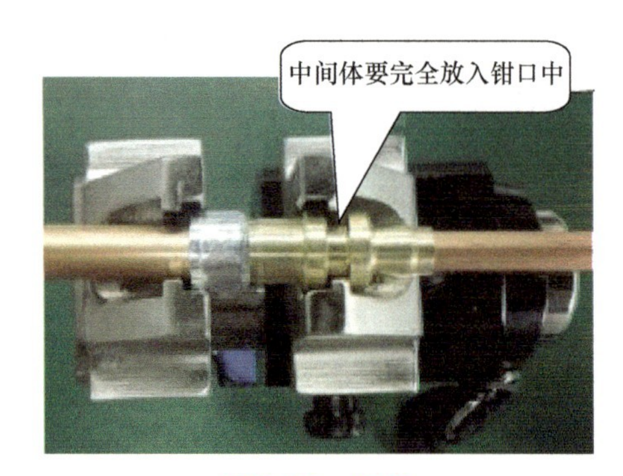

图6-19　压接

5. 电动工具使用事项

① 电动工具长期不使用时，应将电池卸下，放入工具箱中。

② 电动工具是运动器件，不要把手放入运动轴和钳口中，以防夹伤。

③ 当电动工具推压不畅时，应及时更换电池。

④ 当发现电动工具有漏油无法使用时，应及时联系商家。

⑤ 电动工具初次使用时，应空运行一次，以便内部液压油能充分运行。

⑥ 当按下运行开关，没有完成压接时，应及时按泄压开关泄压，避免长时间保持压力。

⑦ 钳口安装到工具钳上，要及时紧固安全销，防止钳口脱落发生安全事故。

⑧ 工具钳在使用过程中使用安全绑带，防止工具脱落，发生安全事故（图 6-20）。

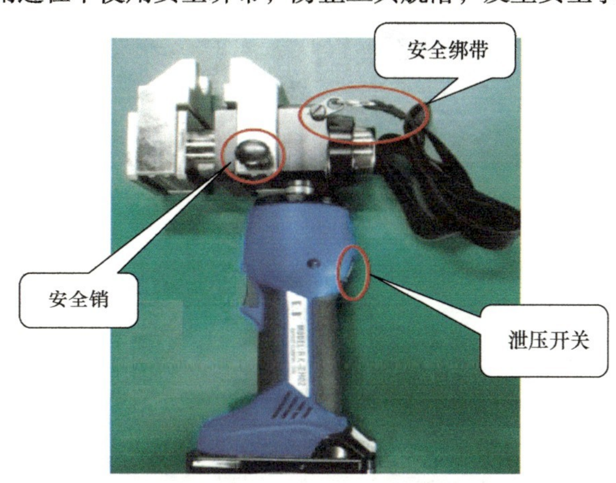

图6-20 电动工具使用

6. 电动工具钳口使用注意事项

① 钳口要完全安装到工具钳安装槽中。图 6-21 中，右侧钳口没有完全装到位，导致两个钳口不在同一条水平线上，压接复合环时会导致连接钢环与中间体变形区异常，有泄漏风险。

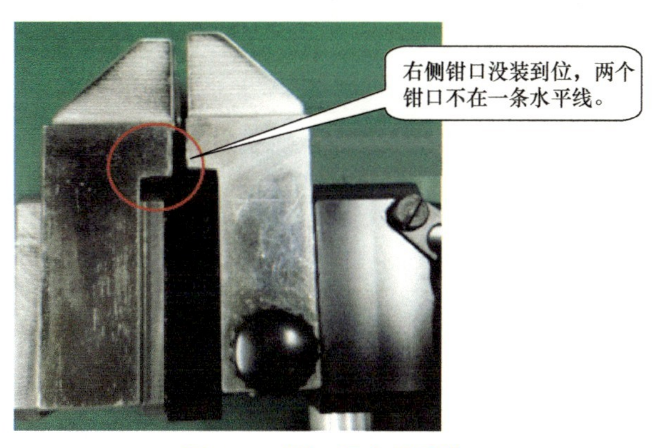

图6-21 钳口没有装到位

② 钳口应完全贴合中间体。图 6-22 中，钳口没有完全贴合中间体，会导致中间体和钳口之间有倾斜角度，压接复合环时会导致连接钢环与中间体变形区异常，有泄漏风险。

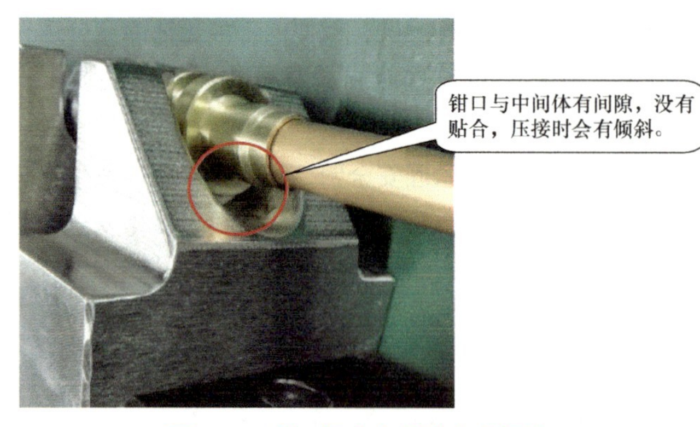

图6-22　钳口没有完全贴合中间体

③ 钢环方向应放对。钢环方向放反，压接复合环时会导致中间体变形甚至断裂，有泄漏风险，如图 6-23 所示。

图6-23　钢环方向放反

参考文献

[1] 田娟荣 . 通风与空调工程 [M]. 2 版 . 北京：机械工业出版社 , 2019.

[2] 魏龙 . 制冷与空调设备 [M]. 北京：机械工业出版社 , 2018.

[3] 汤万龙 . 建筑设备安装识图与施工工艺 [M]. 4 版 . 北京：中国建筑工业出版社 , 2020.

[4] 李亚峰 , 邵宗义 , 李英姿 . 建筑设备工程 [M]. 2 版 . 北京：机械工业出版社 , 2016.

[5] 李联友 . 暖通空调施工安装工艺 [M]. 北京：中国电力出版社 , 2016.

[6] 程文义 . 建筑给排水工程 [M]. 3 版 . 北京：中国电力出版社 , 2021.